都市コミュニティの再生

両側町（りょうがわまち）と都市葉（としよう）

岡　秀隆
藤井純子

中央大学出版部

装幀　静野あゆみ

両側町と都市葉

ミュンヘン旧市街区の実例

マリエン広場の両側町からカウフィンガー通りの両側町を望む

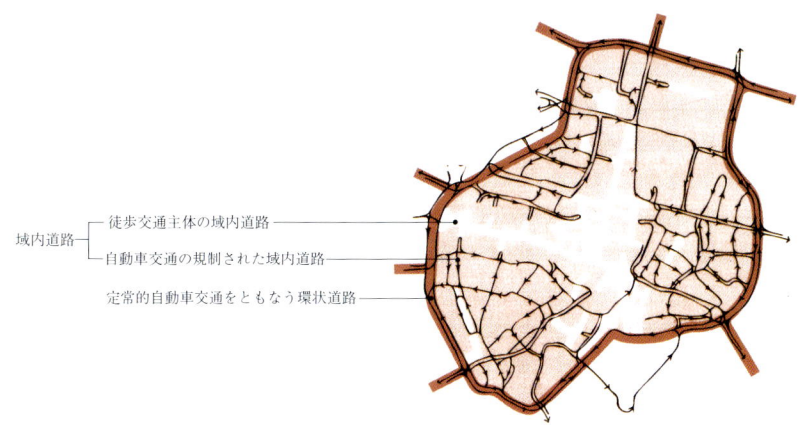

域内道路 ─ 徒歩交通主体の域内道路
　　　　 ─ 自動車交通の規制された域内道路
　　　　 ─ 定常的自動車交通をともなう環状道路

環状道路に囲まれた都市葉（133ha）

両側町（street centered community）とは
徒歩交通主体の街路広場を中心として、その両側の建築群が統合したもの。日常の挨拶、防犯、防災の協力、共通の経済的繁栄、祭礼、育児や老人の交流、行楽、スポーツを共にしつつ触れ合い助け合いながら、時の経過とともに形成される都市における地縁共同社会。

都市葉（urban lobe）とは
環状自動車道路に囲まれた10～数100haの都市域で、その内部の道路や広場に、徒歩交通が主体となるよう自動車交通規制を敷き、両側町（street centered community）を維持再生させている生活空間。

はじめに

　都市はその誕生以来，そこに住む人間社会とともに成長したり衰退したりしてきた歴史的存在であり，連続的に生きているもので，それを全部一度につくり替えることはできません。都市の成熟や活力の源となるアメニティ化は，経済的余力のある時に行われる成長や新陳代謝のために発生する様々な部分的建設や，再開発の積み重ねによるしかないという宿命を負わされています。

　ところが現代の日本の都市においては，開発を担う産（建設，不動産，金融）・学（建築，土木，都市計画）・官（中央，地方行政）界がそろって「目指すべき都市像」を欠落したまま個々の権益追求を目指して，その場しのぎの再開発を進めている状況です。

　道路や建築だけが，個々のモティベーション（主として経済的欲求と既存計画の無責任な追認）に基づいて乱雑に開発されていく都市では，都市の全体像とは無関係にスクラップ・アンド・ビルドが連鎖反応的に繰り返されることになり，寺田寅彦の言う「バラックの跡にバラックが建つ」状況が拡大されつつ繰り返され，現在の日本では建設すればするほど混乱が深まり，地縁の人間的つながりが失われ，残された歴史的景観が損なわれつつあるといえます。

　このような決して蓄積を生まない不毛の輪廻から脱出し，歴史を伝えつつ創れば創るだけ安全で，助け合いと交流が日常的に保たれる生活の可能性が増してゆくようにしなければなりません。そのためには道路の有り様を含めて建築の上位の枠組みとなる有限性のあ

る生活空間のイメージを世界の都市や歴史の中を探って再確認することが，まずもって必要となります。さらにそのような生活空間（都市コミュニティ）が今のままの日本の都市では維持再生が難しいとしたら，それを可能にするもう一段階上位の新たな生活空間のイメージが確立されなくてはなりません。つまり，個々の道路や建築をそれぞれ長期的社会ストックとして都市に蓄積してゆくためには，部屋に始まり建築をその一部に含み，入れ子細工のように順々に下位のものの枠組みとなってゆき，しまいには都市にいたる生活空間の系列，言葉を換えれば道路を含めた都市の構造が明らかにされ，住民と官がそれを共有していなくてはならないのです。

筆者等は都市研究における先学の様々な調査と研究，世界の各都市における様々な工夫と努力の素晴らしい成果を学びつつ，

「部屋」―「建築」―「両側町（りょうがわまち）」―「都市葉（としよう）」―「都市」

という入れ子細工的な都市の構造に行き着きました。

本書はこれらの生活空間のイメージを歴史と実例をもとに論ずるとともに，これと同じ空間構造を現代都市に改めて形成してゆく方法を述べたものです。

更に都市が何故このような構造をもたねばならないのかと考えておくことは重要なことです。それは結論的に言えば，人間社会と一体となって生きている都市や建築が文字通りの意味で，生きているものであり，この世に存在する生きているもの，即ち生物の世界の空間的成り立ちが構造的なものだからなのであります。

この詳細について，第6章以降において具体的に論証します。

本論が開発に先導的に関わる産学官界の人々はもとより，広く都市に住む人々，都市が豊かになることを願うボランティアの人々に

読まれ，明確なイメージをもって都市の変革や再開発を考える視点となり，生活環境を豊かにすることに役立つことを願っています。

目　次

　　はじめに

第 1 章　都市の歴史と個性を伝える
　　　　　「両側町（street centered community）」………… 3

第 2 章　両側町を積極的に維持するヨーロッパ都市の
　　　　　「旧市街区（old town, medina）」………………… 17

第 3 章　日本の都市における歴史的両側町の破壊 ……… 29

第 4 章　広域自動車交通網からの開放区
　　　　　「都市葉（urban lobe）」………………………… 33

第 5 章　都市葉の設定例と両側町の設計例 ……………… 43

第 6 章　都市と生物に共通する基本的特性 ……………… 65

第 7 章　生きている空間の原点「細胞（cell）」………… 69

第 8 章　都市と自然生態系をつなぐ座標
　　　　　「生理的隔離（discrete viability）」…………… 75

第 9 章　都市を含む自然生態系の空間構造 ……………… 81

第10章　現代都市の病理と快癒への道 ……………………107

第11章　都市に関する既往の考察 …………………………123

　　参考文献
　　あとがき

都市コミュニティの再生
両側町と都市葉

第1章
都市の歴史と個性を伝える「両側町(りょうがわまち)（street centered community）」

　われわれが具体的に都市の美しさや楽しさ，わくわくする独特の雰囲気や心に沁みる懐かしさを感じるのは，ローマのナボナ広場やコンドッティ通りの商店街，ヴェニスのサン・マルコ広場，ウィーンのグラーベン通り，ミュンヘンのノイハウザー通り，パリのカルティエ・ラタンのカフェ街，ムフタール通りの市場街，あるいは京都の先斗町の飲食娯楽施設街，大阪の心斎橋筋の商店街や道頓堀の飲食店街等の自動車交通の排除された通りや広場を中心としてその両側に，洗練された店舗や伝統的な味を伝える飲食店，テラスで音楽を奏でるカフェや文化と伝統を守る老舗などがまとまって存在し，大勢の人々の行き交う「場」に立った時です。

　あるいは，古い割石敷の路地の両側に細やかな造りの住居が建ち並び，手入れされた植込み前の縁台や椅子に老人たちが腰を降ろして話し合い，そばを元気な子供達が喚声をあげて走り回っている「場」を通り抜ける時です。

　更に広場や道路上で時間や曜日を限って催される生鮮食品市場やノミの市の中に立ち入り，自動車から開放された公共空間が自由で活力に満ちて，運用されている「場」に紛れ込んだ時です。

　これらすべては足で歩み，手で触れ，目・耳・鼻・口等人間の五体の感覚すべてで味わう都市の醍醐味です。どんなに立派な建築が

あっても，すぐ前を自動車が激しく行き交っているところや，モニュメントだけ飾りたててもそこに豊かな生活感が感じられない通りや広場では，なんの楽しさも懐かしさもわいてきません。

　美しく洗練された建築群や歴史的伝統をもつ市場などが，危険な自動車交通流から開放された通りや広場等の公共空間を共有して建ち並び，そこに住まう人々や訪れる人々の自由に行き交う徒歩交通によって親しく統合されてはじめて，独特の雰囲気を感じさせる「場」となるのです。このような都市の中のほかのところとは明確に区別される独特の生活感をもつ「場」が沢山集まった時，それが都市の顔となり，個性として輝くのです。

ナボナ広場（ローマ）

ナボナ広場（ローマ）

グラーベン通り（ウィーン）

ケルトナー通り（ウィーン）

サンマルコ広場（ヴェニス）

カンポディフィオリオ広場（ローマ）

ノイハウザー通り（ミュンヘン）

バスチーユの朝市（パリ）

　自動車交通から開放された通りや広場などの公共的空間を中心として，その両側（広場の場合は周囲）に建ち並ぶ建物群が，住まう人々や訪れる人々の徒歩交通によって互いに統合されているこのような「場」，言葉を換えれば地縁共同体を，空間的イメージを伴って表すにふさわしい呼び名を，不幸にしてわれわれは日常語としてもっていませんでした。「○○通り」「○○広場」という建築の外側の公共空間名で，なんとなくそれに当たるニュアンスを表現することはあっても，都市計画や建築学の分野では，通りや広場には自動車交通から開放されたと言う前提は含まれませんし，更に両側の建築群をも含めた生活空間の概念ではありません。「○○通り商店街」

第1章　都市の歴史と個性を伝える「両側町」　5

と呼ぶときは，正にここでいう「場」の感じがこめられますが，「住宅街」「官庁街」になると，それは漠然とした一帯の地域の表現になってしまいます。界隈という言葉も言葉自体の中に曖昧さを含み適当ではありません。

　筆者らはこのような独特な「場」の雰囲気をもつ地縁共同体（都市コミュニティ）にふさわしい述語を求めて歴史的都市や文献を調査した結果，「両側町」と言う言葉に行き着きました。

　洋の東西を問わず，近代工業化以前の有限性を持っていた都市の内部では，交差点から交差点までの限られた長さの道路や広場を中心として，その両側や周囲の建築群が求心的に統合され，それぞれ独自の生活慣習や雰囲気を持つ有限なる地縁共同社会を形成していたことが知られています。

　このような事実は，多くの先学の長い年月をかけたデザイン・サーベイの結果明らかになったもので，これらのコミュニティはわれわれが日常的に知る商店街をはじめとして，お町内，各種同業者街，フォルム，そして両側町等，様々な呼称で報告されています。

　現代の京都に残っているお町内について，島村昇氏，鈴鹿幸雄氏等は，次のように述べています。「歴史的な町の構成を空間的にも，また社会的にも受け継ぎ，明確な近隣空間単位を形成している一つの町内である。町を南北に貫通する街路（間之町通り）を挟んで向かい合う36戸の家々は，東側20戸，西側16戸よりなり，世帯数38，町内総人口159人である。町は町内会を持ち，年中行事も活発に行われ，町内組織は未だに生き続けている。町内居住者の生活意識には，『町内』が深く浸透し，それは居住者の日常生活の安定性にも作用している。(中略) 町内組織は，町内居住者の防災，防犯，地蔵盆，春秋のレクリエーション活動，各種の情報伝達を行い，町内居

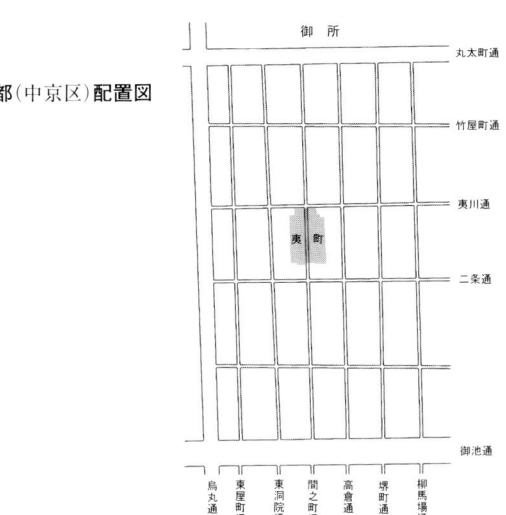

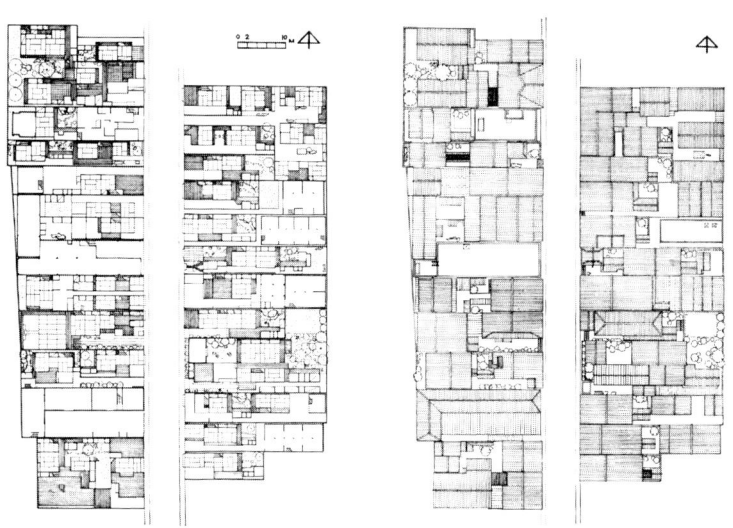

京都(夷町)1階平面図　　　　京都(夷町)屋根伏図

［出典：島村昇他『京の町屋』鹿島出版会］

第1章　都市の歴史と個性を伝える「両側町」　7

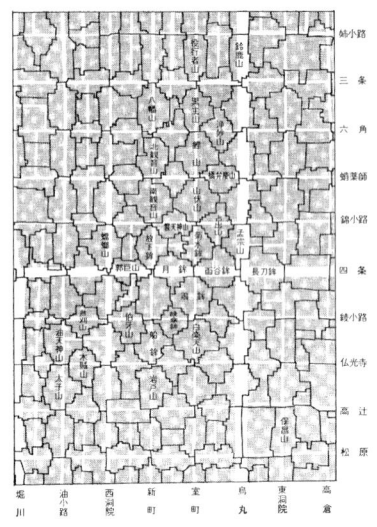

祇園祭の山鉾町の構成
［出典：『都市の自由空間　道の生活史』
鳴海邦著，中公新書］

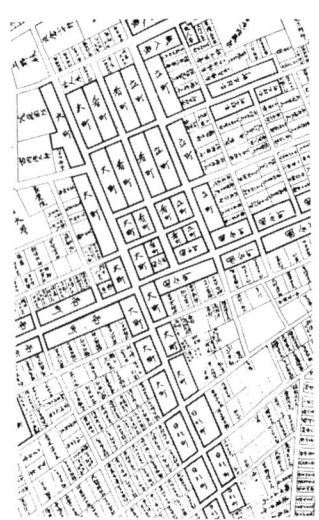

仙台における町の構成
（延宝8年〔1680〕「仙台城下大絵図」
部分より作成）

江戸の町の構成
（安政6年〔1859〕日本橋北内神田両国浜
町明細図。『嘉永慶応江戸切絵図』より）

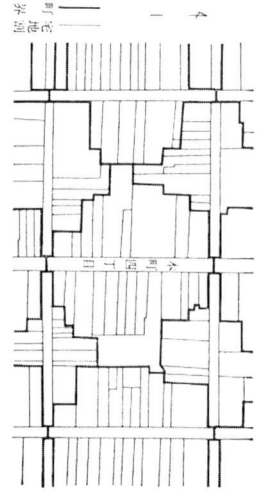

名古屋の町の構成
（「愛知県名古屋区市街地籍全図」による本町
4丁目付近図。水谷盛光氏の原図より作成）

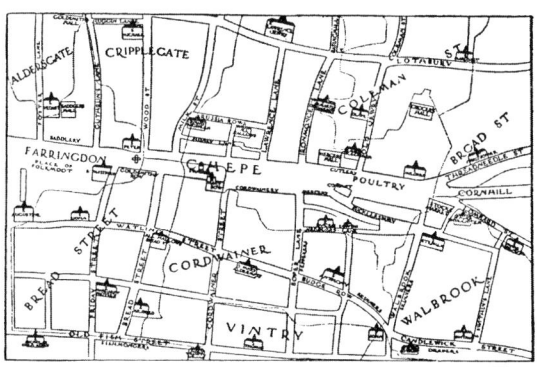

中世ロンドの同業者分布図

［出典：『都市発達史研究』今井登志喜著，東京大学出版会］

住世帯の相互連絡，親睦に寄与している。」（島村昇他『京の町屋』鹿島出版会）

　更に鳴海邦碩氏は，中世から近世にかけて京都，名古屋，大阪，仙台の各都市において存在した有限の長さの街路を挟んで，両側の家々が一体となった状況を，「両側町（りょうがわまち）」と呼び，次のように述べています。

　　「道を挟んで，両側の家々が一体となったこの両側町の形成の背景には，住民の経済活性化，自己防衛の緊要化，連帯意識の形成などがあったと言われる。すなわち，道を挟んだ商人たちが，自分たちの商売の向上と安全を求めて結束したのである。つまり，両側町は，市街地を構成する空間単位であると同時に，社会的な集団単位でもあったのである。」（鳴海邦碩『都市の自由空間』中公新書）

　更に秋山国三氏は，土塀で囲まれた中世京都の寺社や貴族の館が，段々に解体し道路を中心とした町人町に変容してゆく様を同じく両側町と言う言葉を使って述べています。

　同様の現象は，中近世のヨーロッパの諸都市にも現れていました。

第1章　都市の歴史と個性を伝える「両側町」　9

今井登志喜氏は，次のように述べています。「都市の中で同業者は多く，一区域に聚住する風習があった。したがって，街区の名称に織物屋町，靴屋町，陶工町，肉屋町，鍛冶屋町等が生じた。」(今井登志喜『都市発達史研究』東京大学出版会)。これらの街区は，すべて交差点から交差点までの有限の長さの道路を中心として成り立っていたものです。

ヨーロッパ都市においては，現代でも個々に固有の名称をもつ有限の長さの道路の両側の建築群が同じアドレスになっており，限られた長さの道路毎に都市の単位になっています。

両側町と呼ぶにふさわしい道路を中心とした地縁共同体は表通りの商店街のみならず住宅街でも広く存在しました。江戸時代の裏店の長屋は，井戸と共同便所をもつ露地を中心とした住宅の両側町の典型です。スペイン・セビリアのサンタクルス街はユダヤ人住宅の美しい両側町がモザイクのように並んでいますし，中国・北京の胡同(フートン)と呼ばれる住宅の両側町もあります。

また，徒歩で行き交う街道を中心とした妻籠，馬籠の宿場町は全体が一つの両側町をなしています。

「両側町(りょうがわまち)」こそ都市における建築の直上位の有限なる生活空間即ち都市コミュニティを指すにふさわしい述語であり，普遍的なテクニカルタームとすべき言葉なのです。

筆者らはこの言葉に，

street centered community

の英訳を当てることにより，イメージをより鮮明にしました。

「両側町」は，単に「街並み」などといった景観的な捉え方とまったく異なり，具体的に様々な機能的かつ空間的な裏付けをもつ，都市の地縁共同体の単位を表す概念であります。商店や飲食娯楽の

胡 同

月 島

馬 籠

［出典：ANA機内誌］　　　　　［出典：『日本の町並み02（JTBクオト）』学習研究社］

第1章　都市の歴史と個性を伝える「両側町」　11

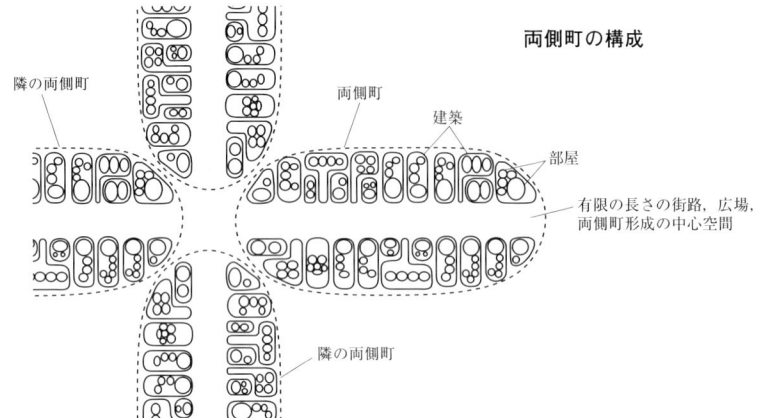

店からなるものであれば，一斉大売出しや共通の季節の飾りつけを行い，また住宅群からなるものを含めて防犯や防火に協力し合い，万一の災害時には助け合い，祭りや行楽の単位となるまとまりとなります。

　両側町の中心となる徒歩交通主体の道路では，それに面する建築に住む人々の日常の挨拶，立ち話，子供の遊び，植木の手入れ，掃除が行われます。それと同時にこの道路は通りがかりの人々との間で買い物，品定め，挨拶，立ち話等の情報交換や，商品やゴミの搬出入等が行われる多目的な空間だったのです。正にこの中心となる定常的自動車流のない道路こそが両側町の日常の生活を支える中心であり，両側町の地縁社会としての豊かな日常生活の基盤空間なのであります。そして両側町はこの道路を中心とする求心性をもつことになるのです。

　向こう三軒両隣りと言う近隣社会を象徴する言葉は正にこの道路を挟んだ両側の家々の親密な結びつきを示しているのです。

　このように個々の建築の生活を超える様々な上位の社会生活行為

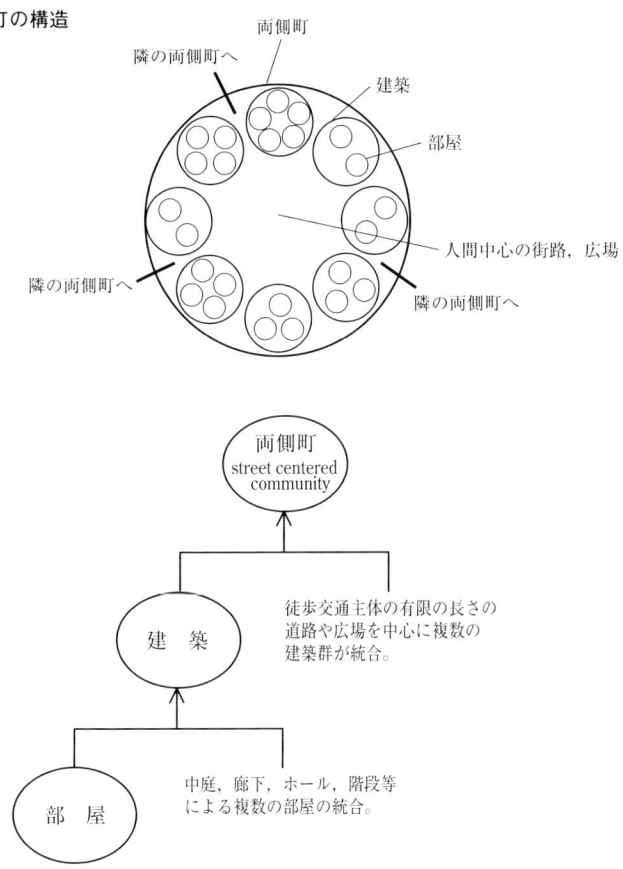

をもつ生活空間である故に両側町は特定の交差点から交差点までという空間的有限性をもち，道路を中心する求心性をもち，塀や柵等の物理的な境界はもたないものの隣り合う両側町とは明確に区別されたのです。そして明確な地縁共同体が形成される故に歴史性，居住性を傷つける無神経な変化に地縁社会全体として抵抗力をもち，その内部で互いにより豊かに積極的に維持し合うことができたのです。

第 1 章　都市の歴史と個性を伝える「両側町」　13

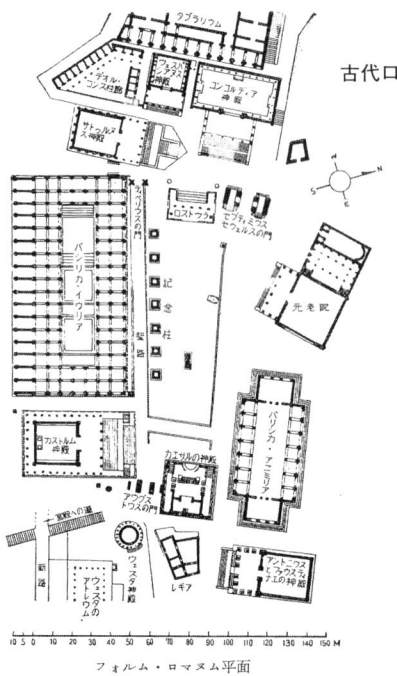

古代ローマのフォーラム

フォルム・ロマヌム平面

［出典：『建築学体系』彰国社］

ボージュ広場（パリ）

浅草　仲見世通り（東京）

ムフタール通り（パリ）

正に両側町こそ都市において空間と生活が一致している地縁共同社会即ち都市コミュニティなのです。
　そして個々の建築同士の脈絡は，両側町というコミュニティの存在があって，互いにチェックし合う結果，自然に美しく成熟していくことができたのです。個々の建築が簡単に地上げされたり，スクラップ・アンド・ビルドされてしまうのを防ぎ，より広い全体として考えることになり，町の歴史を伝えてゆく永続性をもつものなのです。
　単体の建築ではいくら大きくても建築の機能を超えて両側町は形成できません。またいくら沢山の建築が並んでも，それらが面し共有すべき公共的空間（道路や広場）に多数の通過自動車交通が存在すれば，向かい合う建物は互いに分断されて，個々の建築に解体され無機的な道路沿いの風景に還元されてしまうのです。
　両側町こそ都市における建築の直上位の有限性をもつ生活空間として広く認識されねばなりません。そして都市は歴史的伝統を守りつつ生き抜いている沢山の両側町をもつことによってのみアイデンティティ豊かに成熟してゆけるのです。
　代表的な両側町には，京都のお町内（住居の両側町），ミュンヘンのマリエン広場やノイハウザー通りの商業飲食の両側町，パリのボージュ広場の公園を囲む住居の両側町，ローマのコンドッティ通りや，大阪の心斎橋筋（商業・娯楽の両側町），パリのムフタール通り（生鮮食品店と飲食店の両側町），江戸時代の銀座，中世ロンドンの鍛冶屋街（手工業者の両側町），ウィーンのグラーベン通りやケルトナー通りの商業の両側町，ブラッセルのグランプラス，古代ローマのフォーラム（政治経済の中心としての両側町），ベネチアのサンマルコ広場（サービス娯楽の両側町），フィレンツェのポンテヴェキオ（宝飾

品店の両側町）等です。そして更に各地で商業組合などを作って生きている浅草の仲見世商店街や巣鴨地蔵尊通り商店街（門前町）等に代表される様々な商店街も，当然含まれています。

第 2 章

両側町を積極的に維持するヨーロッパ都市の「旧市街区（old town, medina）」

　現在のヨーロッパの諸都市の旧市街区（old town, medina）には，このような両側町が沢山存在し，面的広がりをもって現代都市に息づき各都市がそれぞれの個性ある表情を見せて輝いています。

　日本の都市にも京都のお町内，大阪の心斎橋筋，浅草の仲見世商店街等このような歴史的に洗練された両側町は存在します。

　しかし，日本の都市では伝統的両側町がポツンポツンとしかなく，ヨーロッパ都市の旧市街区のように沢山の両側町が面的広がりを示していることはほとんどないのです。東京をはじめとする全国の都市は歴史的な個性を失い風景の凡庸化が進んでしまいました。

　日本の都市では旧市街区と言う言葉すら使われることがありません。このヨーロッパ都市と日本の都市の差異が生じた経緯を先ず旧市街区として沢山の歴史的両側町の保存に成功しているヨーロッパの場合から見てみます。

　ヨーロッパ都市の旧市街区の原点は文字通り市壁に囲まれた有限性をもった時代の都市でした。

　　「産業革命前の都市の人口は一般に少なかった。中世末期は都市の異常な発生期であり，15世紀にドイツ民族の都市の数は約2500に及び，殆ど現在と同数に達していたのであるが，その時代の都市は現在から見て驚くべき程小さいものであり，人口

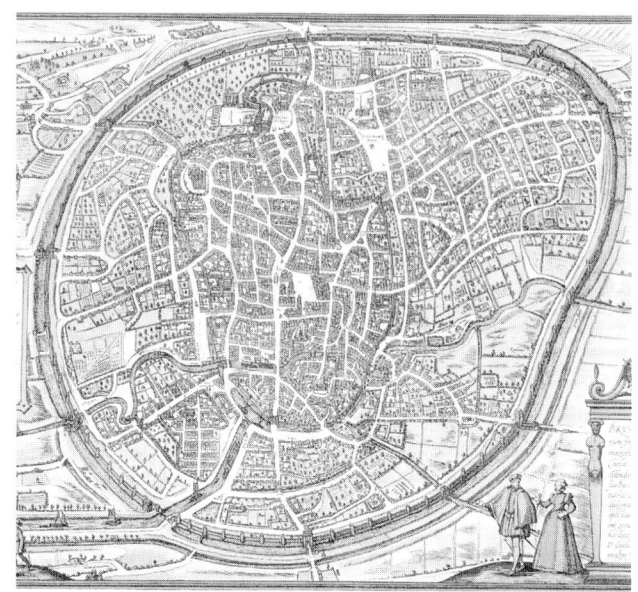

中世の市壁で
囲まれた都市
ブラッセル

数万の都市は大都市とされた。1377年の記録に現われる42の英国の市の中1万以上の所は二つに過ぎず，第一のロンドンすら約3万余乃至4万余の人口があったのみだと推算されている (Rogers : six centuries of work and wages., Beloch : Antik und moderne Grossstadte.)。15世紀でもヴェニス，ミラノ，パリが約10万位であったのみで，フロレンス，リュベック，ケルンはそれに稍おとり，4～5万の人口の所もジェノア，ブリュージュ，ガン，ロンドン，バルセロナその他2，3のイタリーの都市を数えるにすぎなかった。」(今井登志喜『都市発達史研究』)

都市が市壁に囲まれ空間的に有限であった中世近世にあっては，その内部のほとんどの道路を通過する交通は徒歩が主体であったた

め，すべての人々はその両側に建ち並ぶ様々な建築群及びそこに生活する人々と，必ず関わりをもつことになったのです。通りすがりに挨拶を交わしたり，美しい植込みや店舗の飾り窓をのぞいたり，買い物したり，レストランやカフェの客になったりしたのです。それ故，これらの広場や通りに面して生活する人々は，建築をより美しくし，ほかの通りや広場から人々を呼び込もうという共通の利益や，祭りや防犯，防火，防災，情報交換などの連帯行為を通じて結びつき合い，自然発生的に有限性をもった「両側町」を形成したのです。

つまり，現代のヨーロッパ都市の旧市街区の原型である中世・近世の都市では，市壁による空間的有限性と徒歩交通主体の道路が普遍的に存在し，その道路を両側から共有する家々が，地縁共同体として機能的かつ空間的に結びつき，両側町即ち都市コミュニティに統合したのです。

両側町の周囲には塀，柵等の物理的な境はないものの，特定の交差点から交差点までと言う地縁共同体としての有限性が自ずと存在していたのです。

現代の一般の都市の認識の仕方は，先ず道路があって，その道路に沿って個々の建築が建ち並んでいると言うだらだらと繋がって区切りのつかないものであると言っても過言ではありません。

しかし，ゆっくりと成熟した工業化以前の都市では，時間の経過とともに徒歩交通を中心とする道路を中心とした地縁社会（都市コミュニティ）が発達し，やがて所定の交差点から交差点までの有限の長さの道路に面した建築群に住まい，日常的に最も頻繁にその道路を利用する人々が，向こう三軒両隣りと言う言葉のようにその道路や広場を中心として自分たちの地域社会のまとまり「両側町」を形

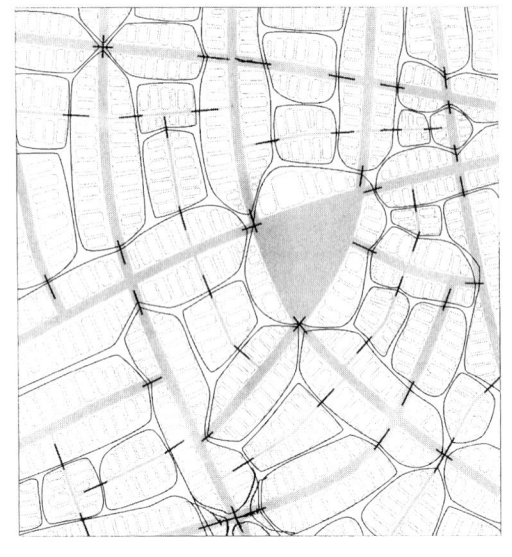

両側町の連結する構造

成していくようになったのです。その結果，成熟した都市の構造は，両側町がその中心となる公共空間の端部と端部を互いに接合してモザイク状に連なっていくという姿として，新たに認識されねばならないのです。

　結局このような都市では，

「部屋」―「建築」―「両側町」―「有限なる都市」

という段階的な生活空間の入れ子細工の構造が形成されていたことになります。

　ここに初めて都市において道路と建築群が一体となった建築の直上位の生活空間（street centered community）が一般的に認識できる視点が確立するのです。

　個々の建築は決して道路に沿ってただ並んでいると言うものでは

市壁をもっていた都市の構造

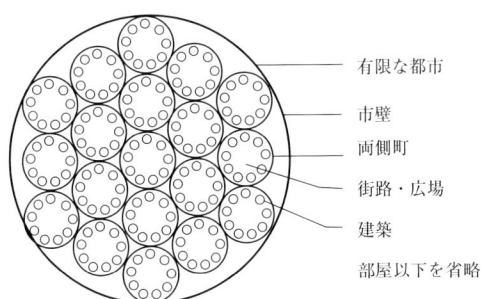

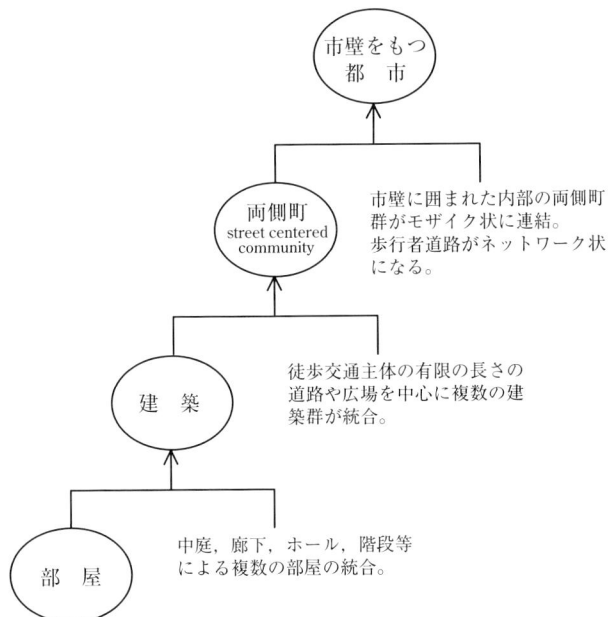

第2章　両側町を積極的に維持するヨーロッパ都市の「旧市街区」

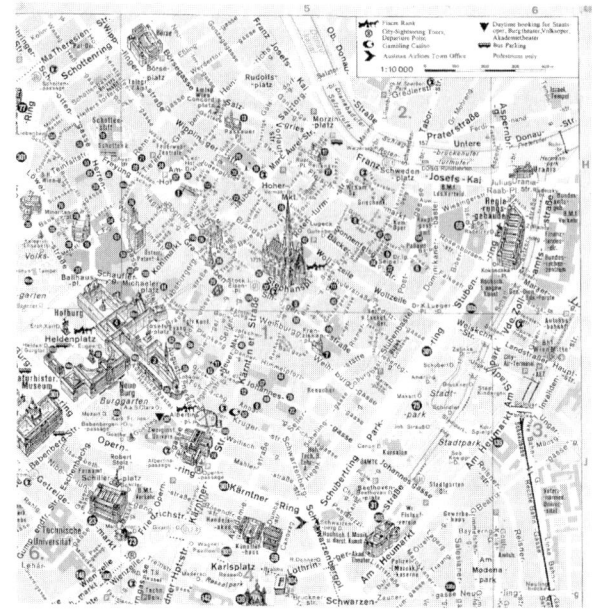

両側町の中心空間である有限の長さの道路のネットワーク
（ウィーンの旧市街区）

なく，それぞれの両側町の中で互いに調和点を見いだしていたのであり，両側町と言う地縁社会の存在が美しく歴史を伝える都市の底にあったのです。

　ヨーロッパ都市の旧市街区の道路網は，固有の名をもつ有限の長さの道路や広場のネットワークとして成り立っているのはこのことをよく示しています。

　さて，ヨーロッパにおいてもこの入れ子細工の都市構造は，近代化の波に襲われ，一時は広く崩壊の寸前に立たされました。工業化による都市人口の急激な膨張とモータリゼーションの激化よる都市域の無秩序な拡大即ち「都市のスプロール」に見舞われたのです。

　都市は市壁を取り払って拡大し，旧都市域も自動車交通が急激に

増加し，危険な自動車交通，渋滞，排気ガスと騒音によりすっかり荒廃してしまったのです。徒歩交通が主体だった道路は危険な自動車交通に占領され，両側町はその統合の基盤即ち徒歩交通主体の公共空間を失い，地縁共同体（都市コミュニティ）は解体の危機に瀕したのでした。

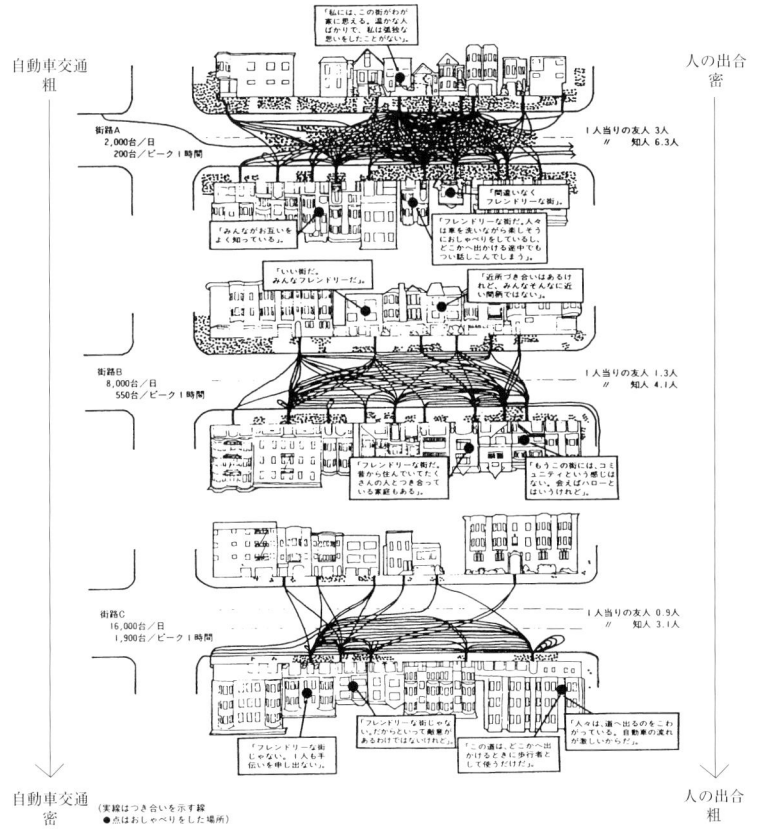

自動車交通で分断される両側町（サンフランシスコ）
[出典：岡　並木「中心市街地の再活性化方策」講演会，地域科学研究会，1991 より作成]

第2章　両側町を積極的に維持するヨーロッパ都市の「旧市街区」　23

中世パレルモの両側町

[出典：Palermo Salvo G : Matteo]

自動車交通で分断される両側町
現代のパレルモ

　しかし，1950年代に入ってヨーロッパ都市においてスプロールした都市の中心部分即ち市壁をもっていた時代の都市域「旧市街区」を特別な有限区域として認識し，そこから通過自動車交通を排除する努力が展開されました。
　自動車道路の全ヨーロッパ的ネットワークに蹂躙された旧市街区を，自動車交通からの開放区とするための試行錯誤が繰り返されました。今日ヨーロッパ諸都市の旧市街区にわれわれが見ることができる様々な交通規制（進入禁止，時間帯規制，速度規制，進行方向規制等）は長年の努力の末に到達した成果なのです。
　その際，スプロールして市域が拡大される時に取り壊された市壁の跡に造られた環状道路が大いに力を発揮したのでした。市壁の跡につくられたのですから当然閉じた道路であり，それが内部の様々

な自動車交通規制とあいまって通過のみを目的とする自動車交通を旧市街区の外側で有効に迂回させることを可能にしたのです。環状道路による有限性の存在と旧市街区を都市の顔として多くの市民が大切にすることで，スプロールした大都市の一部に「特別な有限の空間」が認識され，旧市街区内の道路には市民の協力のもとに様々な自動車交通規制を敷くことが可能になりました。内部の生活に関わりのない自動車交通は排除され，両側町成立当時の人間生活に好ましい道路を沢山取り戻すことに成功したのです。

　この内部に敷かれた様々な自動車交通規制を実現したのは旧市街区の住民即ち沢山の両側町の構成員であり，旧都市のイメージを共有する都市住民であります。これこそが都市の歴史を積極的に伝える住民自治だったのです。全住民が少しずつの不便を我慢しつつ全体としての構造を崩壊直前で持続させたのでした。無制限のモータリゼーションにより荒廃した両側町群は活力を取り戻し，その沢山の両側町群を擁する「旧市街区」は現代においてもそれぞれの都市の歴史を伝えつつアイデンティティある都市の顔として輝いているのです。

　旧市街区は住民や来訪者が一体となって交通規制を守り，通過のみを目的とする危険な自動車交通を排除して両側町を保護育成する機能をもつ生活空間になったのです。

　その結果，現代のヨーロッパ都市の旧市街区は，

「部屋」—「建築」—「両側町」—「旧市街区」

と言う段階的に統合してゆく生活空間の入れ子構造を保つことに成功しているのです。旧市街区の生活機能は自動車交通規制を守り，通過自動車交通の排除を維持し，両側町群を守ることです。

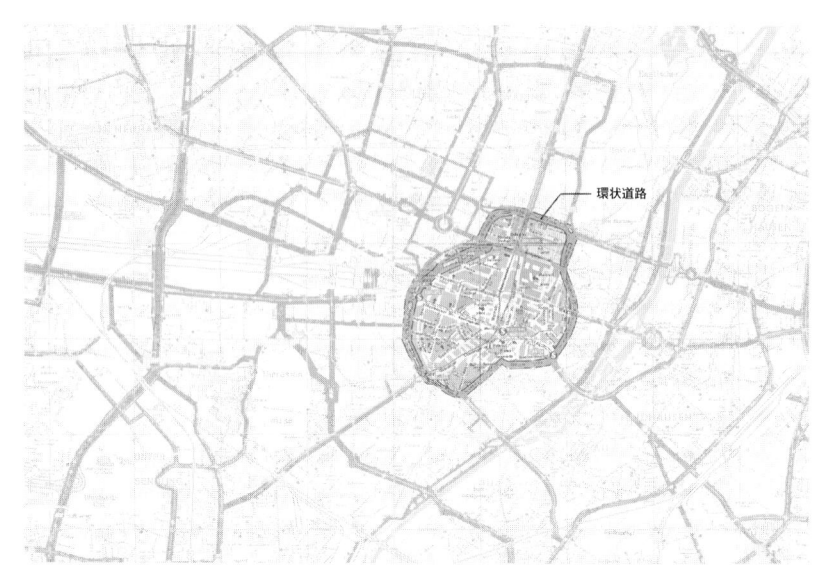

旧市街区（133ha）と市壁の跡の環状道路　ミュンヘン

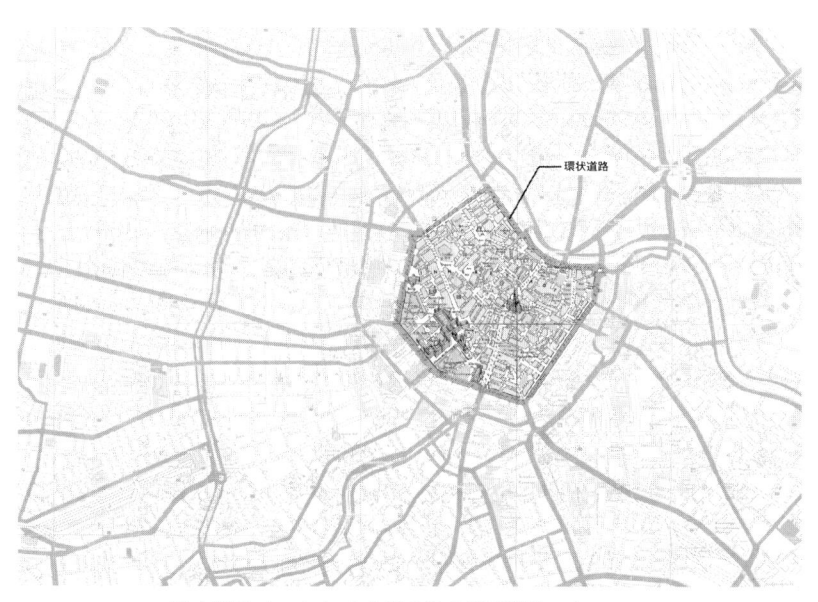

旧市街区（161ha）と市壁の跡の環状道路　ウィーン

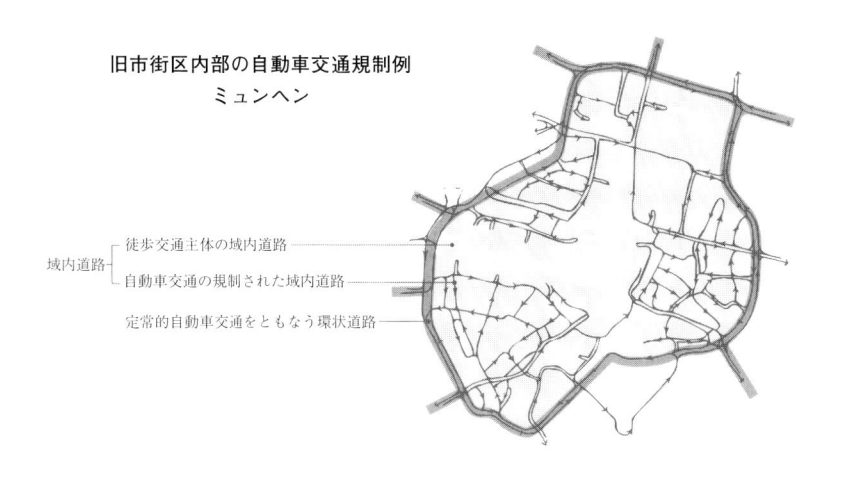

旧市街区内部の自動車交通規制例
ミュンヘン

域内道路 ┬ 徒歩交通主体の域内道路
　　　　├ 自動車交通の規制された域内道路
　　　　└ 定常的自動車交通をともなう環状道路

　旧市街区は危険な広域自動車交通のネットワークから開放され，その結果，両側町が保存され，都市は歴史を伝え，時代時代の付加価値を加えつつ，その魅力を維持し守ってこられたのです。

　私達は現代において急激に崩壊しつつあるとはいえ，今なおわれわれを魅きつけてやまない成熟し有限性を保っていた当時の面影を伝えている数々の美しい都市をもっています。ミュンヘン，ローマ，フローレンス，ウィーン，ローテンブルグ，ドゥブロブニク，高山，倉敷，ボローニャ，ハイデルベルグ，ケンブリッジ……。

　これらの都市の旧市街区が歴史を伝えつつ積極的に保たれているのには，そこに住まい，それと共に生きている住民の時代や社会環境に適合しつつよりよく生きようとする積極的な自治の力によっているのです。

　そして都市はこのような高度な構造をもつ地区を一つでももっていれば，それが都市の顔になり，都市全体のイメージを決定していくことになるのです。

旧市街区の空間構造

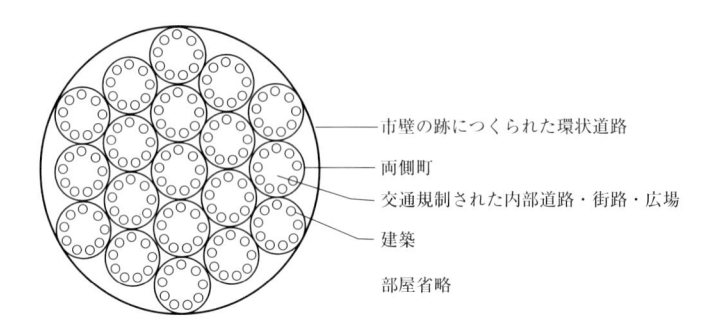

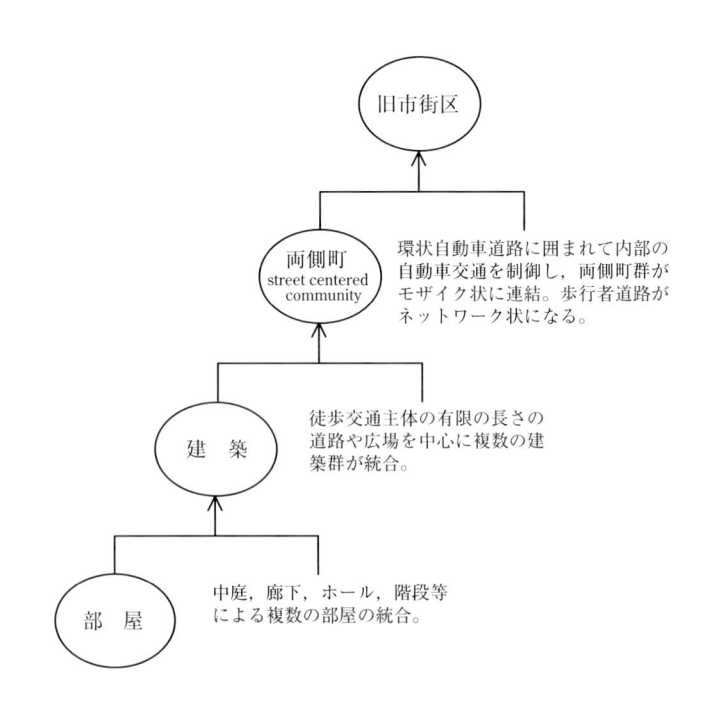

── 市壁の跡につくられた環状道路
── 両側町
── 交通規制された内部道路・街路・広場
── 建築

部屋省略

旧市街区

両側町
street centered community

環状自動車道路に囲まれて内部の自動車交通を制御し，両側町群がモザイク状に連結。歩行者道路がネットワーク状になる。

建築

徒歩交通主体の有限の長さの道路や広場を中心に複数の建築群が統合。

部屋

中庭，廊下，ホール，階段等による複数の部屋の統合。

第 3 章
日本の都市における歴史的両側町の破壊

　中世・近世においては日本においても経済的な制約から都市は有限の大きさで形成されており，徒歩が主な交通手段でありました。そしてヨーロッパと全く同じように中世・近世の日本の都市の内部にも沢山の両側町が成熟していたのです。つまり，

　「部屋」―「建築」―「両側町」―「有限なる都市」

と言う空間構造が成立していました。日本の都市の中世・近世の両側町群の活気に満ちた様は洛中洛外図や熙代照覧の如く広く絵画や文章で伝えられています。つまりここまでは日本の都市もヨーロッパ都市と全く同じ構造をもっていたのです。

　しかし日本の都市は一般に市壁の伝統をもたず，概ね曖昧な周辺部をもって農地，山林と接しておりました。都市の防衛は城に集中しており，住民の両側町ぐるみ都市を守る例は自治都市堺や奈良の今井町などの寺内町に限られました。古い日本の都市の持っていた有限性とはたまたま経済的に決まっていただけで，都市ぐるみの防衛のための市壁とか強い自治意識の裏付けをもっていなかったのです。

　それ故日本の都市は社会の工業化とともにヨーロッパより一足遅れてやって来た急激な都市域の拡大とモータリゼーションの波からは逃れられませんでした。都市がスプロールするにつれ，日本の都

市では旧都市域も含めて道路の自動車交通が急速に促進されました。それは旧都市域で徒歩交通を主体としてゆっくりと成熟した両側町の統合の中心空間だった道路を自動車交通に奪われることを意味していました。

道路の両側の建築群は危険な自動車交通流によりバラバラに孤立することになり，地縁共同体即ち「両側町」としての連帯感ある生活を希薄にしてゆきました。祭りが専ら広域の集客のために利用されたり，地上げ屋の横行や地域のシンボル的建造物のスクラップ・アンド・ビルドや，由緒ある地名の一方的変更に無抵抗に従わざるを得なくなってしまいました。このようにして日本の都市の地縁共同体としての両側町は急速に失われていったのです。

ヨーロッパ都市の旧市街区はモータリゼーションの波にも，市壁を取り壊した跡につくられた環状道路により有限性の認識を保ち，通過自動車交通を有効に迂回させつつ，都市住民の自治努力により様々な自動車交通規制を試みて内部に両側町を維持する徒歩交通主体の公共空間を有効に獲得してきました。つまりヨーロッパ都市の旧市街区は広域自動車道のネットワークからの開放区にすることができたのです。それができたのは環状道路に囲まれた特別な有限の空間「旧市街区」のイメージが存在し，住民自治が機能したからです。

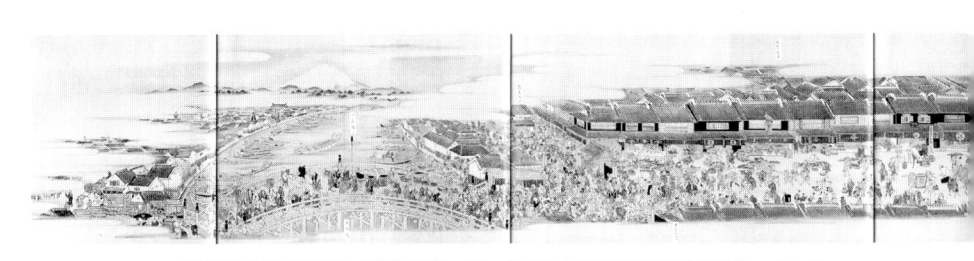

近世日本橋の盛況（熈代照覧，天，絵巻）両側町が面的に広がっていた

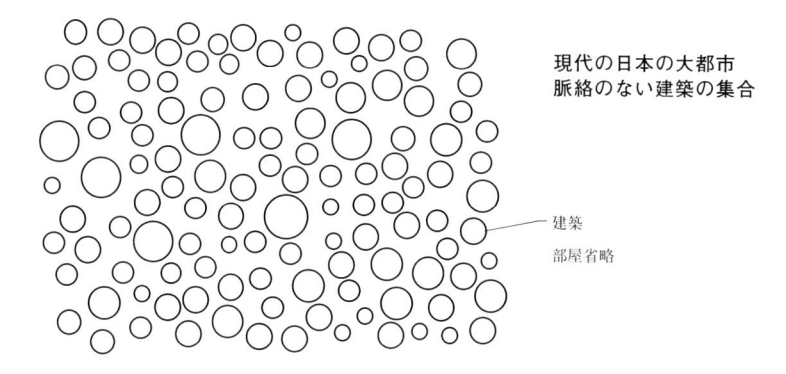

現代の日本の大都市
脈絡のない建築の集合

建築
部屋省略

　しかし市壁を持たず曖昧だった日本の旧都市域は無限に拡がる自動車交通のネットワークにたやすく組み込まれてしまい，歩行者街路を有効に獲得できないまま旧都市域にあった沢山の両側町をほとんど見殺しにしてしまったのです。自治的に自動車交通を制御しようとしても「旧市街区」のような基盤となる有限の空間の認識を欠いたままでは有効な手段を持ち得ませんでした。
　かくして日本の現代都市の構造は量だけ拡大しても，

「部屋」—「建築」

と言う低次元の構造しかもたないものに退化してしまいました。道

第3章　日本の都市における歴史的両側町の破壊　31

路に沿って延々と建築が脈絡もないまま増殖していく，手の施しようのないガン状のものとして都市は認識されるようになり，地縁共同社会「両側町」は圧殺されてしまったのです。今，日本の殆どの都市は建築単位でスクラップ・アンド・ビルドを繰り返す不毛の輪廻に巻き込まれているのです。

　しかし全国一律に道路管理を官のみがやる方法では，もはや治安すらも破綻をきたしているのは明らかです。今こそ普遍的な視野に立った構想のもとに，道路の一部を地域住民の手に戻し，日常生活上の交流，防犯，防災を目指した自治活動が行える地縁共同社会を復活しなくてはなりません。そうしなければ安全で豊かな都市生活は永遠に私達の手には戻ってこないのです。

第 4 章
広域自動車交通からの開放区
「都市葉（urban lobe）」

　都市域のスプロールとモータリゼーションの深化後も両側町は日本各地の都市に，部分的には点在してきました。しかしその数は少なく，かつ現在も消滅しつつあります。都市の中心部に安全，交流，助け合いを通じた活気ある沢山の両側町が面的に展開し，個性的な蓄積をなし，ふるさととしてそれだけの数の都市コミュニティが存在してはじめて住民や世界の人々に愛される生き生きとした歴史を伝える都市になれるのです。

　私達は，スプロールした現代の日本の都市においてヨーロッパ都市の旧市街区と同じような自動車交通網からの開放区を生み出す概念として「都市葉（urban lobe）」という有限性をもった生活空間を提唱しています。

　「葉」とは植物の葉，動物の肺葉，肝葉あるいは前頭葉と言うようにより大きい生きているものの一部であって，かつ明確に区分されているものを表す言葉であります。

　「都市葉」とは，先ず大きさはヨーロッパ都市の旧市街区と同じ位で，幹線的自動車道路で囲まれた数10〜数100ヘクタールの有限なる都市域のことです。都市葉を囲む自動車道路は環状でも四角でも三角でもかまいません。要は閉じた自動車道路で囲まれ，内部を通過しようとする自動車交通流をその外周で有効に迂回させられる

都市葉のイメージ

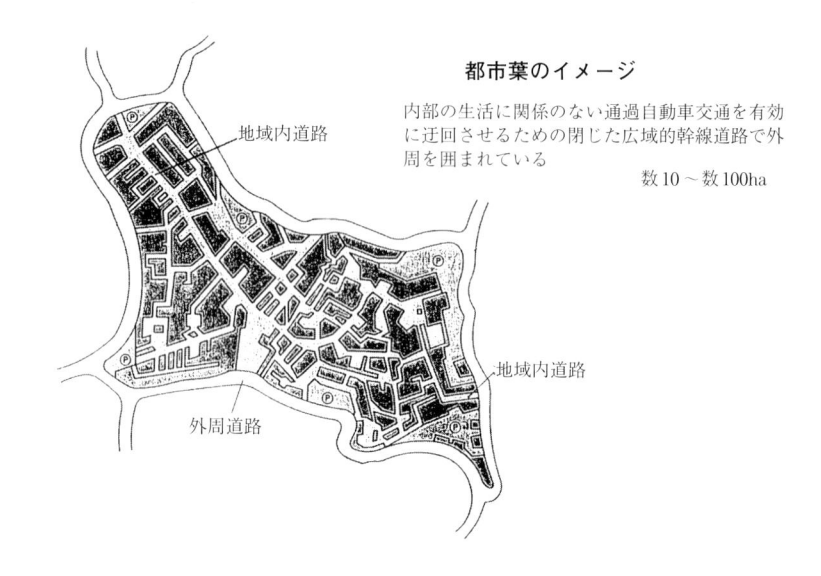

地域内道路

内部の生活に関係のない通過自動車交通を有効に迂回させるための閉じた広域的幹線道路で外周を囲まれている

数10～数100ha

地域内道路

外周道路

ようになっていることが大切なのです。

　次にこの自動車道路に囲まれた有限な都市域に，内部住民の同意のもとにそこから専ら通過のみを目的とする定常的自動車交通流を排除する機能をもたせるのです。

　1950年代以降，日本の都市の道路は自動車が効率よく通過することのみに重点をおいて，一元的に捉えられてきました。このような都市ではヨーロッパ都市の「旧市街区」のような有限性をもつ空間のイメージは非常に稀薄になってしまいます。しかし広域自動車交通からの開放区を目指す「都市葉」という有限な空間概念が導入されれば，都市の道路は全く性質の異なる二種類に分別されることになります。

　ひとつは今までの考え方のまま，誰のものとも特定されない日本全国へネットワーク状に延びていく通過自動車交通のための広域的幹線道路であり，「都市葉」の周囲を囲む迂回のための閉じた自動

車道路もその一部になります。

　そしてもう一方は，有限な「都市葉」の内部の道路です。数10～数100ヘクタールの大きさの「都市葉」が具体的に設定されれば，その内部では有限な数の住民の同意のもとに，その生活内容に合わせて様々なスタイルで自動車交通規制を行うことが可能になります。つまり「都市葉」内部の域内道路は進入禁止，時間帯制限，速度制限，進行方向規制などを組み合わせることにより，通過のみを目的とする一般の自動車流を自然に都市葉の外周の道路へ迂回させ，内部へは何らかの用のある限られた自動車流しか入らなくなるようにすることができます。その結果，域内道路の多くを徒歩交通が主体になるようにすることができ，場所を選んで一日の主要時間帯を歩行者専用の道路にすることもできます。

　つまり，都市葉の内部は広域自動車道路のネットワークから切り離され，市壁こそないものの現代都市における広域自動車交通からの「開放区」を確立できるのです。

　そして中世に有限性をもっていた都市と同じ徒歩交通を主体とした状況が，現代の都市に出現することになります。その内部では時間の経過とともに歩行者中心の道路に面して生活する人々が積極的に生きようとする限り，その公共空間を共有し合い，自然に住宅や商店等様々な種類の両側町を形成してゆくようになるのです。また既存の両側町の持続も可能になります。

　もちろんそれに伴い都市葉内部の住民や訪れる人々には車で少し回り道したり，車を降りて少しの距離を歩くと言う車利用に関する多少の不便が付随しますが，住民や来訪者の少しずつの我慢が最終的には失われつつある「両側町」と言う安全と交流と助け合い，そして賑わいをもつ地縁共同体を取り戻すことにつながるのです。

この生活内容に合わせて自動車交通を住民同意のもとに規制することこそ現代都市における「住民自治」と言うことであります。都市葉と言う有限な空間が都市住民に認識されてはじめて都市部において有効な自治活動ができる可能性がでてくるのです。

　「都市葉」は空間的に有限で内部の住民や訪れる人々の協力により，通過自動車交通を排除すると言う機能を持つ生活空間となります。先にあげたミュンヘン，ウィーン等ヨーロッパの歴史的都市の旧市街区すべては，その典型的モデルであります。また東京の浅草寺境内を中心とする約30ヘクタール，大阪の心斎橋筋，道頓堀を中心とするミナミの約43ヘクタール等は周囲を幹線的自動車道路で囲われて，内部から「専ら通過のみを目的とする自動車交通」を排除した「都市葉」を形成しています。それらの内部には商店，娯楽，

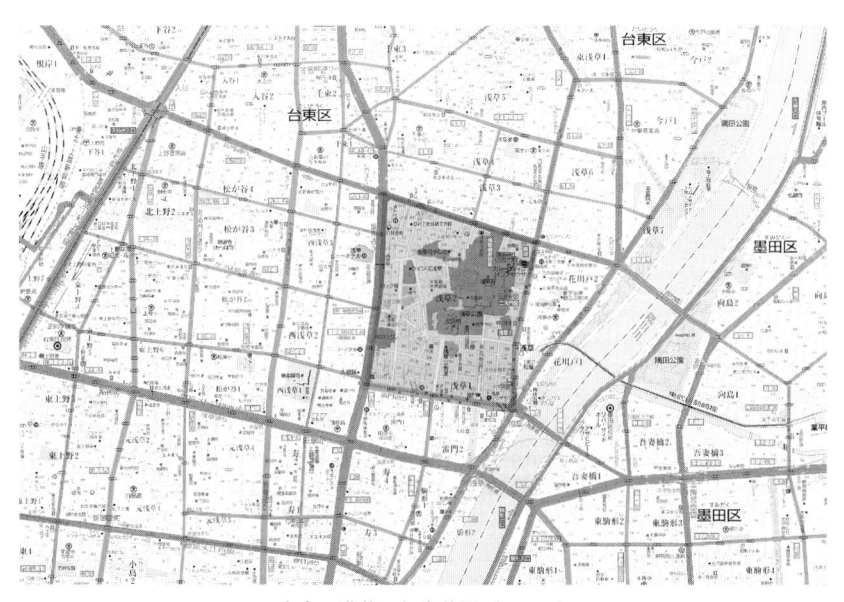

東京　浅草　都市葉図 (28.7ha)

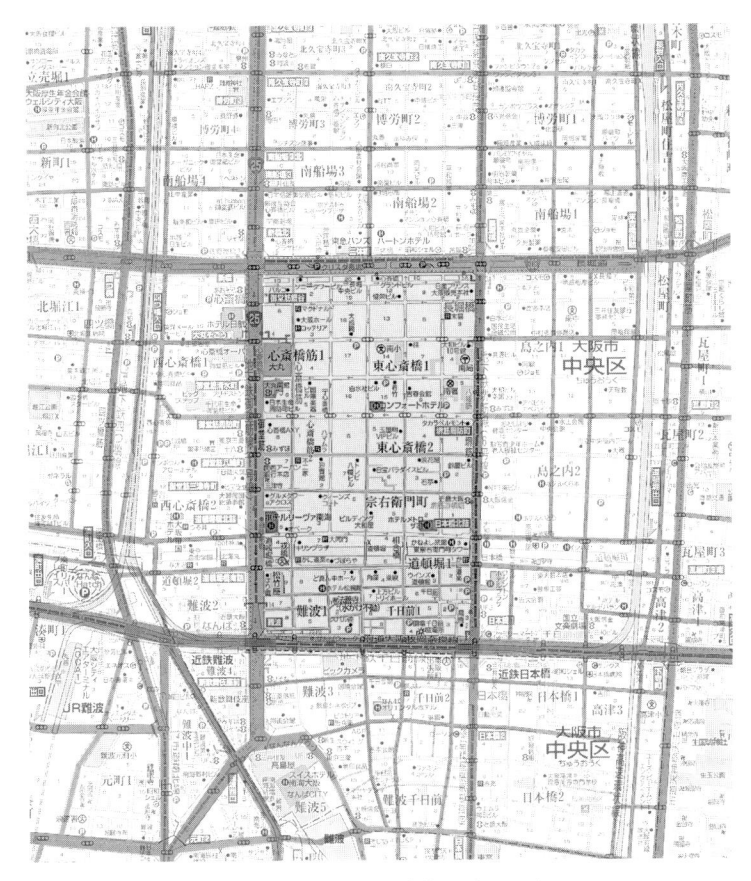

大阪　ミナミ　都市葉図（42.5ha）

飲食，住居等の両側町を維持しています。また奈良の今井町約30ヘクタールは，戦国時代からの環濠を守り，それを分断しようとした通過自動車道路の建設を住民自治の力により回避して現代日本における希有な有限性をもつ都市の姿を持続している「都市葉」であり，内部に沢山の住居の両側町を保っています。

　そして更に言えば「都市葉」はより普遍的に現代のすべての都市

に設定することができる両側町を生み出す基盤となる生活空間なのです。

　都市葉の大きさは，ヨーロッパ諸都市の旧市街区が30～200ヘクタール位であることから考えれば概ね数10～数100ヘクタールが目安となります。大き過ぎれば都市葉内の場所によって通過のみを目的とする交通が過大に生じてしまいます。小さ過ぎれば沢山の両側町を維持したり生み出したりする歩行者中心の道路が有効に設定できなくなるからです。

　都市の大小，歴史の新旧に応じてその内部に設定する「都市葉」の数はいくつでもよく，どこであっても外周を閉じた幹線自動車道路で囲むように設定される故に「都市葉」ごとに有限の世界が出現

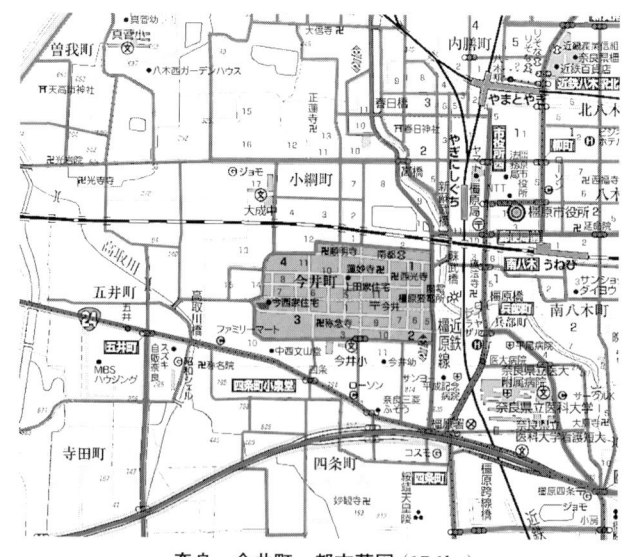

奈良　今井町　都市葉図（17.1ha）

都市葉の中の両側町

大阪ミナミの商業・娯楽の両側町

奈良今井町の住居の両側町

東京浅草の
商業の両側町

都市葉の空間構造

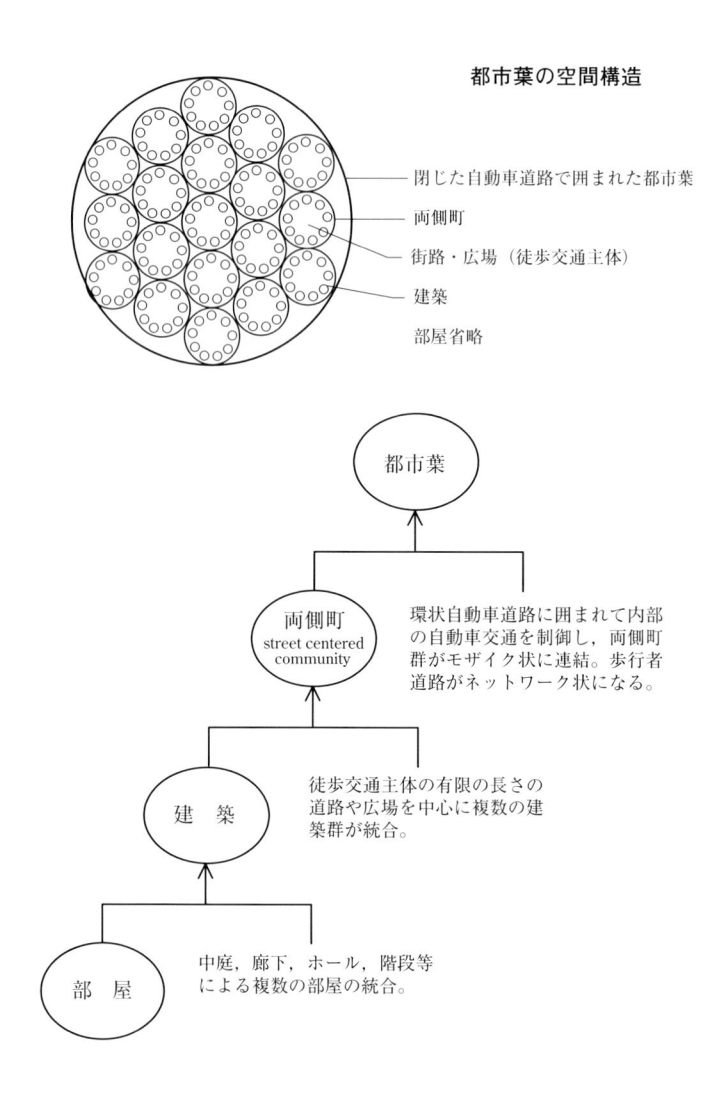

── 閉じた自動車道路で囲まれた都市葉
── 両側町
── 街路・広場（徒歩交通主体）
── 建築

部屋省略

都市葉
　↑
両側町
street centered community　　環状自動車道路に囲まれて内部の自動車交通を制御し，両側町群がモザイク状に連結。歩行者道路がネットワーク状になる。
　↑
建　築　　徒歩交通主体の有限の長さの道路や広場を中心に複数の建築群が統合。
　↑
部　屋　　中庭，廊下，ホール，階段等による複数の部屋の統合。

します。そして広域自動車道路のネットワークから開放され個々に独立して内部交通の規制を考えることができるようになります。

　内部に両側町が維持されている状態になった都市葉は，「有限性

をもっていた都市」あるいは現代ヨーロッパ都市の「旧市街区」と全く同じに，

　「部屋」—「建築」—「両側町」—「都市葉」

という，それぞれ有限なる生活空間の入れ子細工の構造になります。そして都市葉の内部では両側町が中心空間である道路の端部と端部を互いに連結した状況になってゆきます。

　都市葉は既存の両側町の保護，瀕死の両側町の蘇生，そして新たな両側町の誕生を促す装置として現代都市に欠いてはならない空間概念であり，歴史を伝える地縁共同体・両側町のインキュベーターとなるものです。そして都市は，このような生活空間の構造を認識しない限り両側町と言う地縁共同体を回復できないのであり，スクラップ・アンド・ビルドの不毛の輪廻から脱出することができないのです。

　建築の上位の「両側町（street centered community）」と更にその上位の「都市葉（urban lobe）」という有限性をもつ生活空間の概念を，行政と一般市民が共有できるようになれば，官民の対話が成り立ち，個々の開発行為をより具体的に，イメージを共有し合った上でチェックし合うことができるようになります。そして沢山の両側町が維持再生されてゆくプロセスにおいて「両側町」内部の建築は，地域の歴史的文脈の中で長期的社会ストックとして蓄積されていくことができ，都市は歴史を表現し，潤いと安全性をもつようになるのです。

　歴史を伝える豊かな都市の形成は，その形成速度は問題ではなく，つくれるときに個々の建築を丁寧につくり，長期的社会ストックとして蓄積していくことによってのみ，達成されるものなのです。

第4章　広域自動車交通からの開放区「都市葉」　41

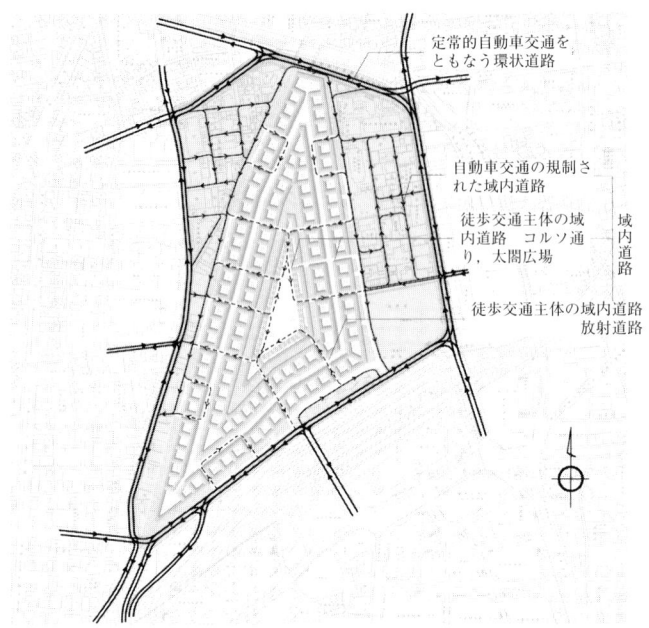

現代都市における都市葉の設定案
大阪駅北開発計画
(40ha)

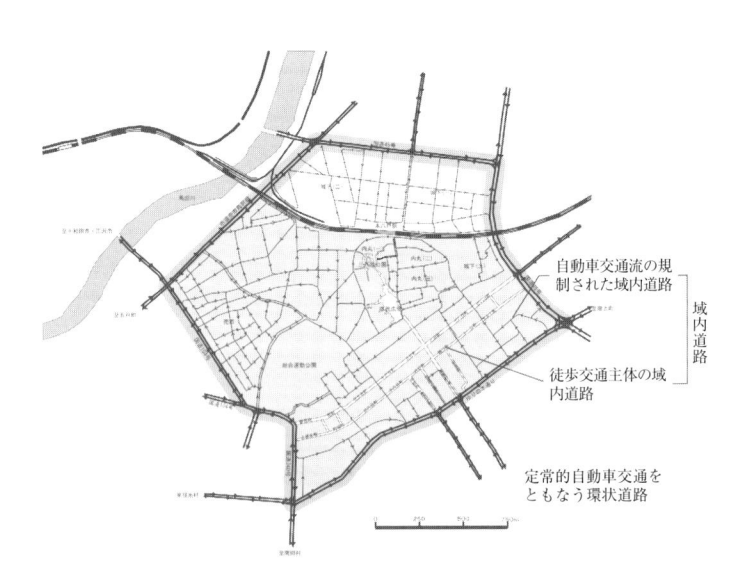

定常的自動車交通をともなう環状道路

自動車交通の規制された域内道路

徒歩交通主体の域内道路 コルソ通り,太閤広場

域内道路

徒歩交通主体の域内道路 放射道路

自動車交通流の規制された域内道路

域内道路

徒歩交通主体の域内道路

定常的自動車交通をともなう環状道路

現代都市における都市葉の設定案　八戸市中心街 (222ha)

42

第 5 章
都市葉の設定例と両側町の設計例

　実際の都市葉が正常に機能するには官・民共同による時間をかけた努力が必要とされます。筆者らは，建築家として直接参画した各種地域及び建築計画において，都，県，市町村等の建築主側に都市の空間構造のあるべき姿を提案し，都市葉の設定案と両側町をイメージしたデザインをいくつも提案してきました。

　本章では，住宅団地，教育施設そして各種公共建築における実際例をいくつか紹介します。いずれも日常的交流はもちろん，住民の自治的運営による「市」や各種イベントが定着し，地域の中心に育っています。設定された都市葉全域に亘る自動車交通規制が広く住民全体に呼びかけられることも今後も期待しています。

　ヨーロッパ諸都市に比べて日本の都市においては，自動車から開放されて，地域住民の自由な活用に供される広場，道路が非常に少ないことに注目せねばなりません。

　徒歩交通主体の広場や道路こそが，都市コミュニティー再生の拠りどころになるのです。

　ここにあげたいくつかの例では，広場や道路を中心として，個々の建築を越えて地域の人々や来訪者の交流がごく自然に生まれています。

A. 長野県営住宅柳町団地

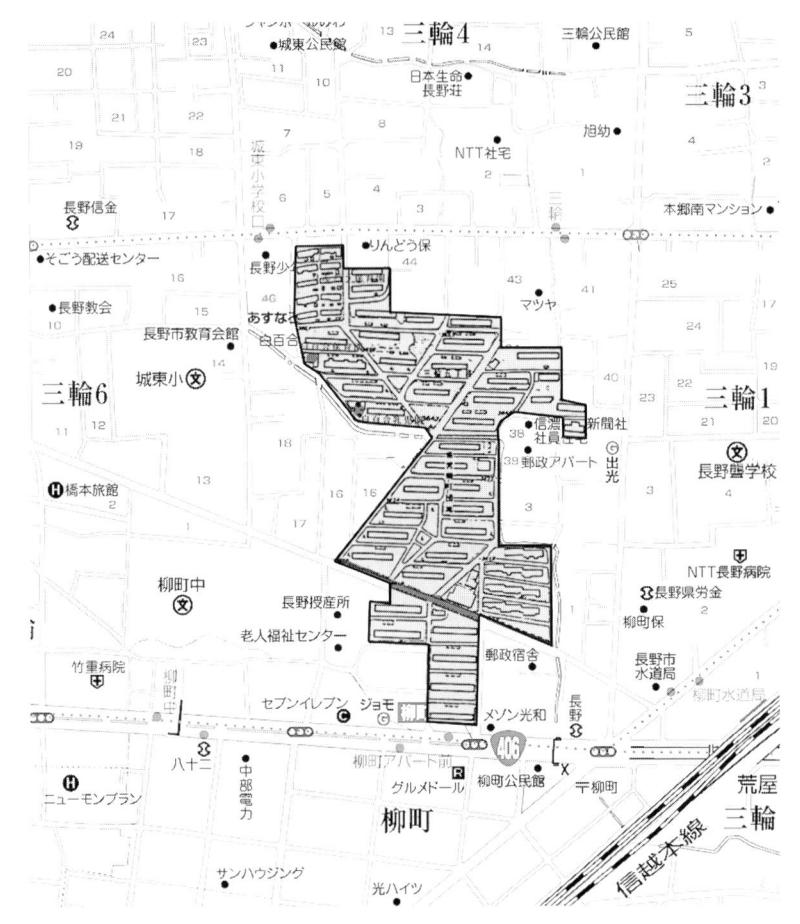

計画地の建て替え以前の状況（住戸数：766戸）
全ての住棟が単調に並列しており，中心空間がなかった。

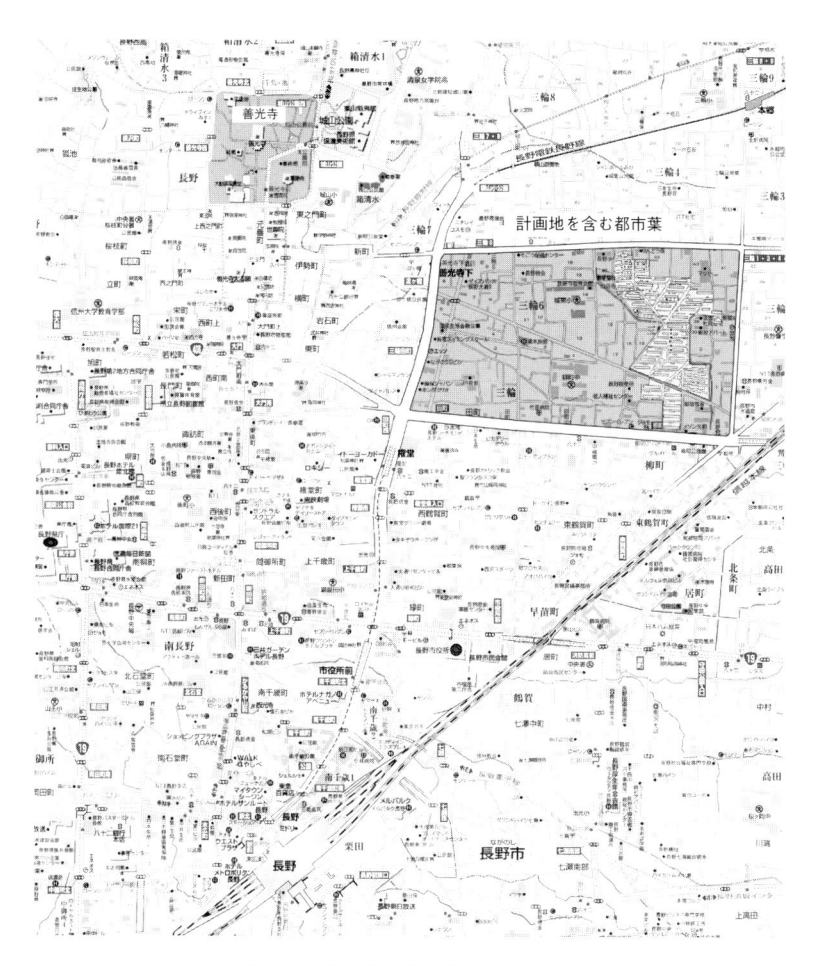

計画地を含む都市葉の設定 (44.5ha)

第 5 章　都市葉の設定例と両側町の設計例　45

都市葉の内部道路の自動車交通規制案

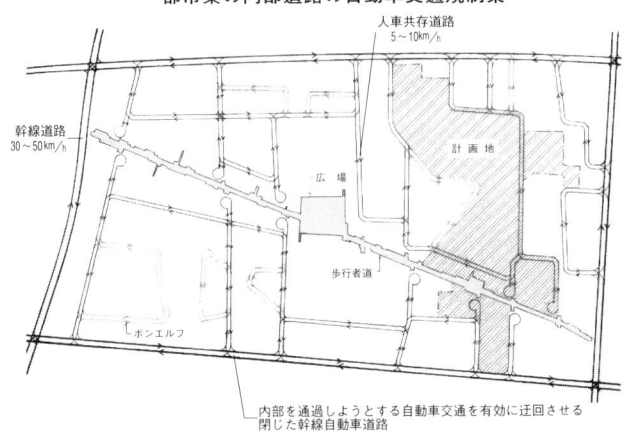

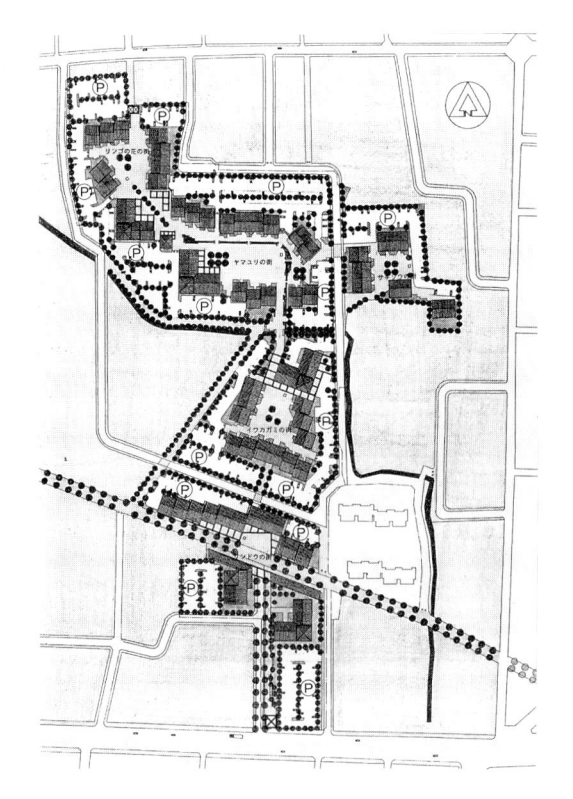

五つの両側町を創出
した団地計画
（住戸数：993戸）

模 型 写 真

建て替え後の現況写真

第5章 都市葉の設定例と両側町の設計例　47

長野県営住宅柳町団地　建て替え後の現況写真

B. 東京都営住宅栗原一丁目団地

建て替え以前の状況
(住戸数：220戸)
全ての住棟が単調に並列しており，中心空間がない。

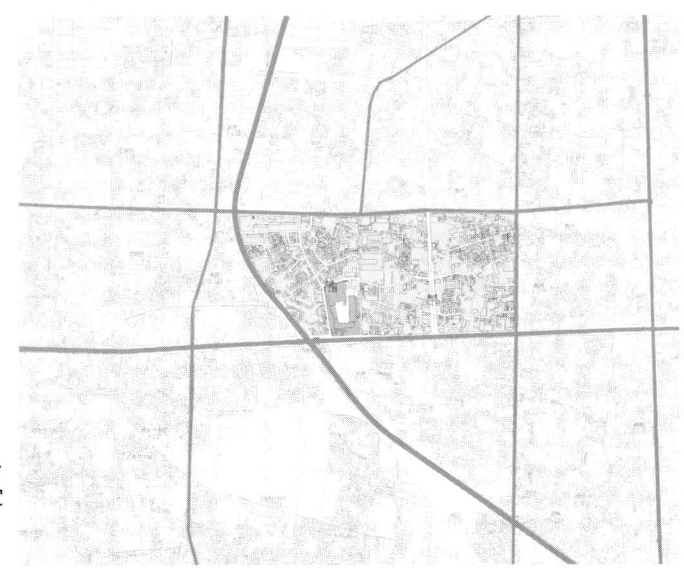

計画地を含む都市葉の設定
(約37ha)

第5章 都市葉の設定例と両側町の設計例　49

都市葉の内部道路の自動車交通規制案

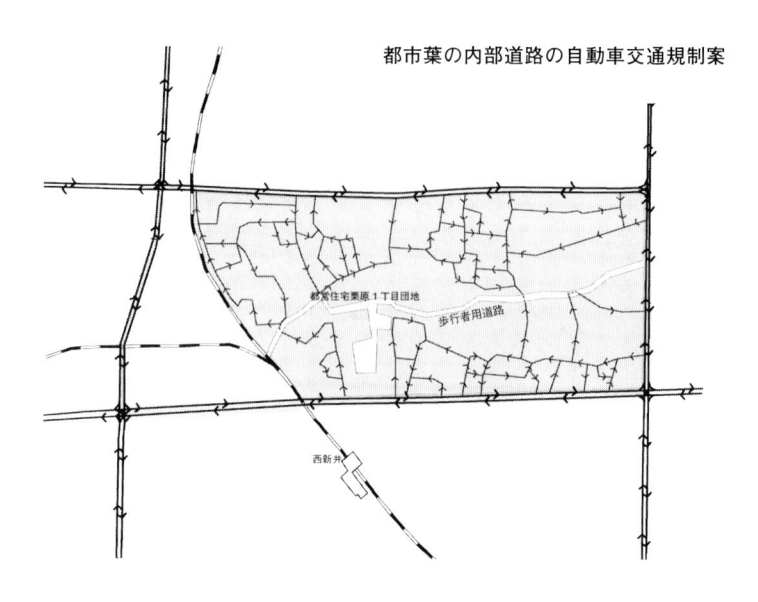

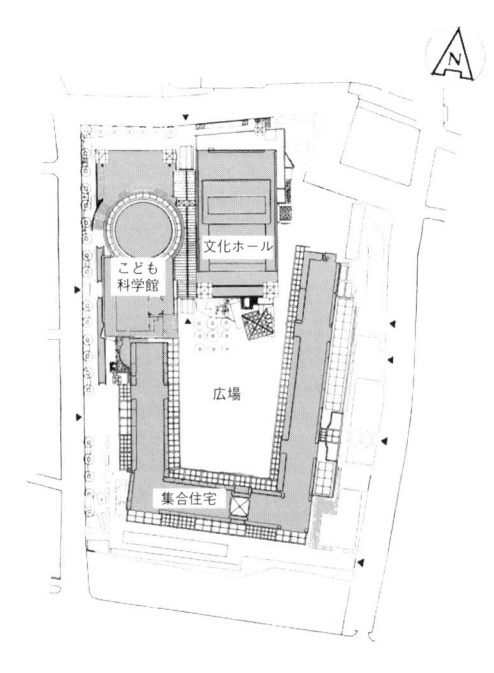

都市広場を中心とした集合住宅，文化ホール，こども科学館の両側町
（住戸数：282戸）

都市広場でのイベント

建て替え後の現況写真

第5章　都市葉の設定例と両側町の設計例　51

C. 大阪駅北再開発計画

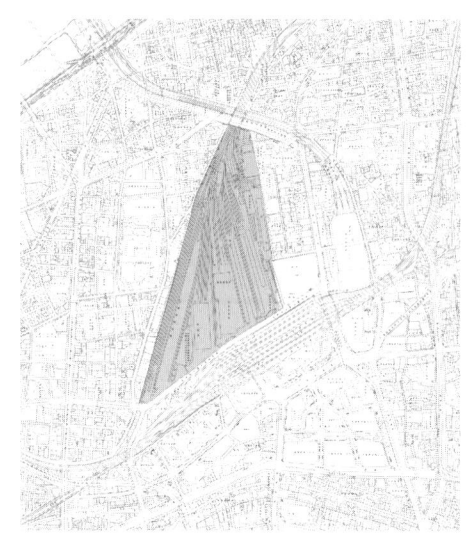

操業廃止となる貨物駅の敷地

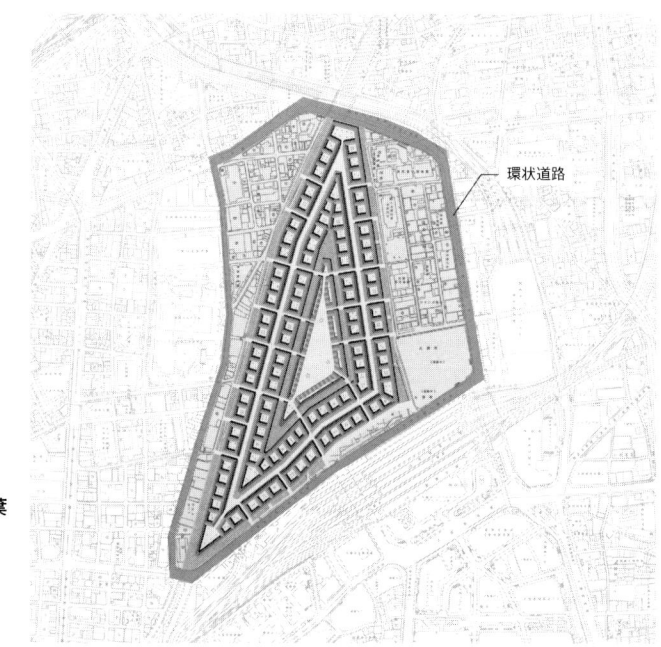

環状道路

環状道路と都市葉
の設定
（約40ha）

52

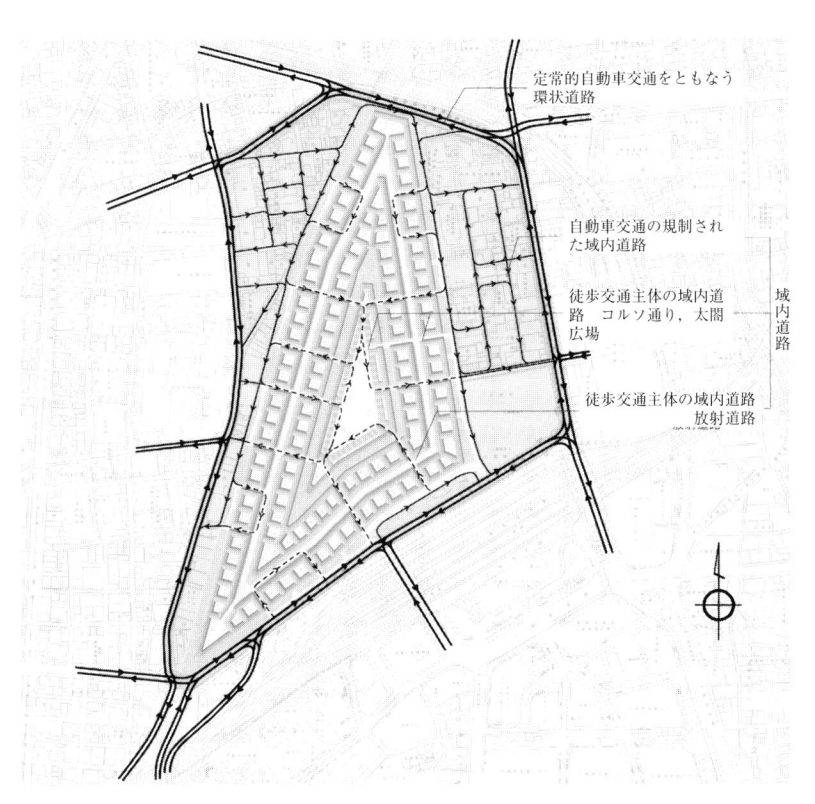

都市葉の内部道路自動車交通規制案

第 5 章　都市葉の設定例と両側町の設計例　53

両側町の連結する街づくり

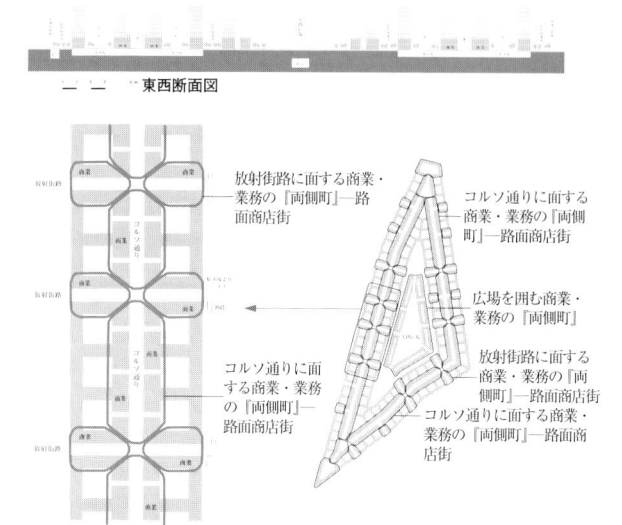

東西断面図

商業・業務の『両側町』図

商業・業務の『両側町』図

大阪北における両側町
(street centered community)
の形成

路面商店街
24haの全域において1階部分は商業，飲食，娯楽，文化の用に供す。
徒歩交通主体のコルソ通りと放射通りに面する両側の店々が，挨拶，防犯，防災，ゴミ収集，荷役，祭り，一斉大売り出し，飾り付け，共通の雰囲気造り等日常の業務活動を通じて，自然な形で街路を共有し，多数の両側町を形成してゆく。
24ha全域は次々と展開する多様な両側町群で埋め尽くされる。

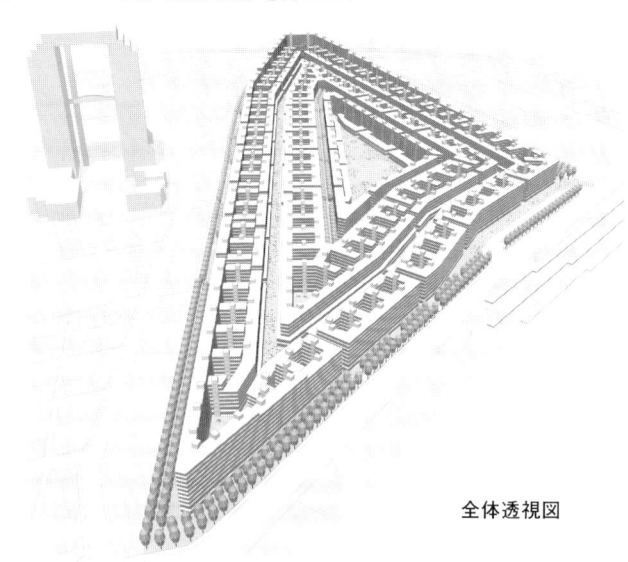

全体透視図

大阪駅北再開発計画

中庭を中心とする住居の両側町

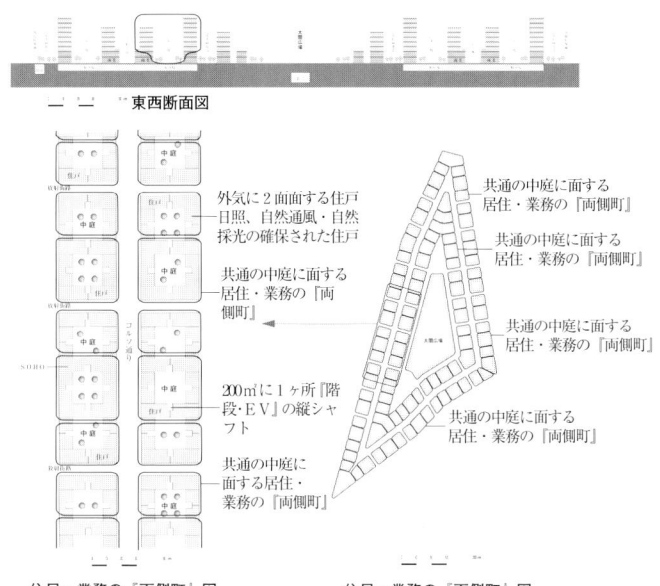

東西断面図

住居・業務の『両側町』図

- 外気に2面面する住戸 日照、自然通風、自然採光の確保された住戸
- 共通の中庭に面する居住・業務の『両側町』
- 200m²に1ヶ所『階段・EV』の縦シャフト
- 共通の中庭に面する居住・業務の『両側町』

住居・業務の『両側町』図

- 共通の中庭に面する居住・業務の『両側町』
- 共通の中庭に面する居住・業務の『両側町』
- 共通の中庭に面する居住・業務の『両側町』
- 共通の中庭に面する居住・業務の『両側町』

住居，業務の両側町

平均7.5層の住棟の中庭は，路面商店街の中に存在しながら一切それとは関係せず，個々に限られた門を経て入ってゆく。この固有の中庭からアプローチする30～70戸の住居群は，この中庭を共有して，日常の挨拶，ゴミ収集，育児，子供の遊び，造園，防犯や防災の協力，パーティー等を通じ，地縁的結び付きを深め，多数の住居の両側町を形成してゆく。中庭への出入り口と各住戸で二重のセキュリティが確保される。

住居と業務の互換性「SOHOの蓄積」「棟単位で大学，専門学校」

中庭をもつ住棟の2階以上の住戸はSOHOを対象としたオフィスやラボとしても最適の空間である。間仕切を取り払えば数戸分を一体化するも可。
また，住棟単位に社会人大学，専門学校等立地を生かした研究，教育機関に最適。

中央の太閤広場を共有する両側町

中央の太閤広場を共有する両側町はレストラン，カフェ，劇場，シネコンをはじめとし，図書館，ホール，区役所・警察の分署等の公共性の高い業務が集まり，最高位の両側町となる。

D. 千葉工業大学芝園キャンパス

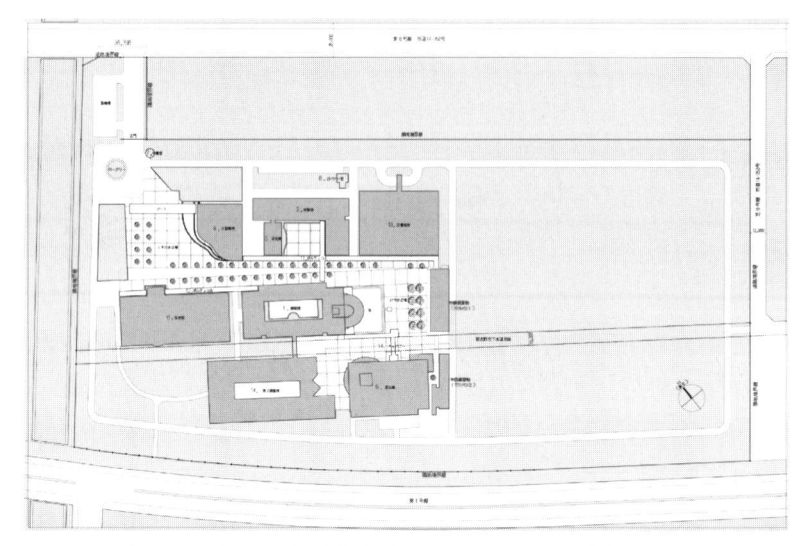

約11haのキャンパスを都市葉として7つの両側町を創出した

全 景

くすのき広場を中心とした両側町

けやき広場を中心とする両側町

E. 八戸市中心街活性化計画

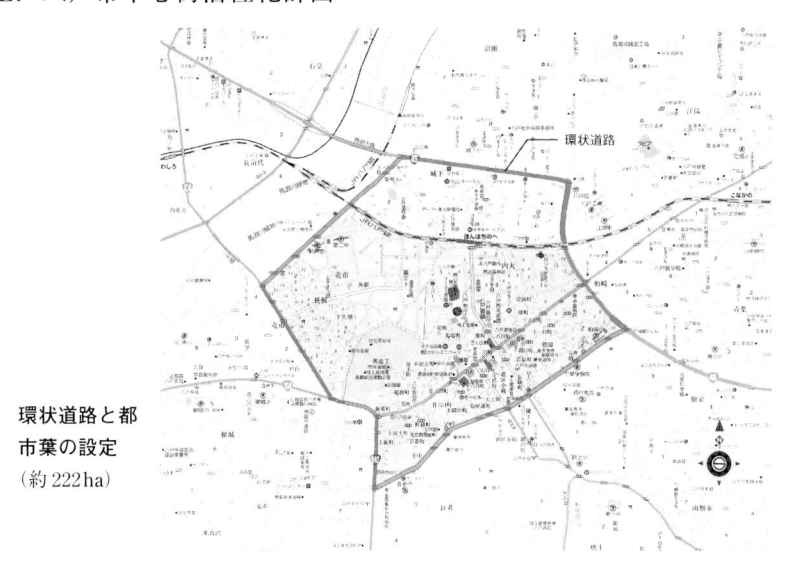

環状道路

環状道路と都市葉の設定
（約 222ha）

都市葉の内部道路の自動車交通規制案

自動車交通流の規制された域内道路

域内道路

徒歩交通主体の域内道路

定常的自動車交通をともなう環状道路

F. 郡山ザベリオ学園

配置図

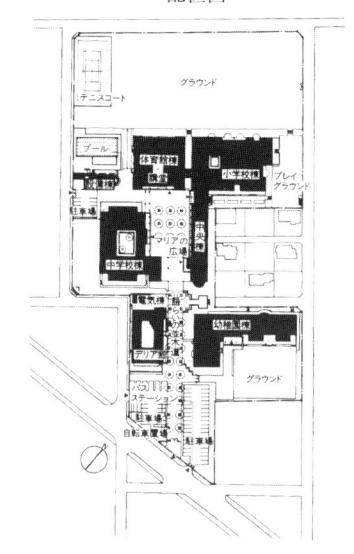

約10haのキャンパスを都市葉とみなし
内部に4つの両側町を生み出した

修道院・幼稚園・小中学校を結びつける広場

学園の中心マリア広場での盆踊り

第5章 都市葉の設定例と両側町の設計例

G. 小田原市川東タウンセンター

都市広場を内包する地区センター

都市広場を中心とする地区施設の両側町

H. 横須賀市はまゆう山荘

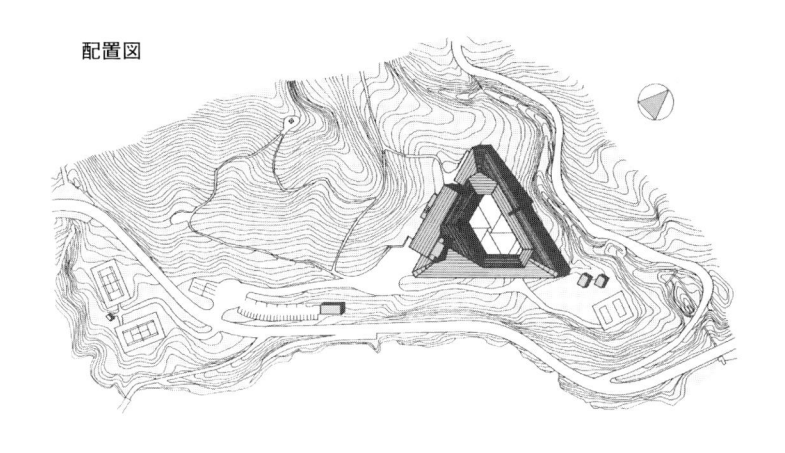

配置図

リゾート地の両側町をイメージした施設計画

第5章 都市葉の設定例と両側町の設計例　61

I. 久喜市立老人福祉センター

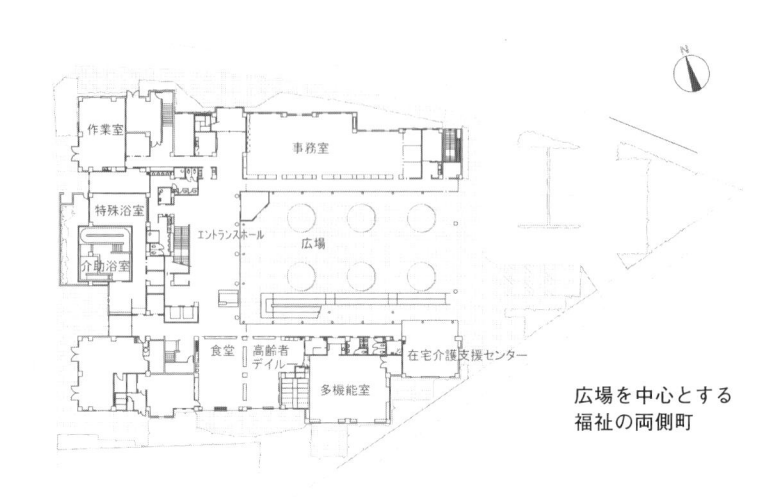

広場を中心とする
福祉の両側町

都市広場でのフリーマーケット

J. 寒川町行政文化センター

都市広場を中心とする町庁舎・文化ホール・消防庁舎からなる両側町

都市広場でのイベント

第 6 章
都市と生物に共通する基本的特性

　現代都市において治安，防火，防災，経済活動や日常生活上の互助協力の機能をもち住民同士や外来者との様々な交流を支え，都市の歴史を伝える役割を果たす都市コミュニティ「両側町」の持続と再生は，

「部屋」―「建築」―「両側町」―「都市葉」

と言う様々なレベルの生活空間の入れ子細工の構造を伴ってはじめて可能になります。そして今西錦司氏の言うように生物は必ず「構造的即機能的な存在になる。『生物の世界』(講談社)」とすれば，この4章の結論は，他でもなくそこに住まう人間社会と一体になった都市が，「生物の一員である」と言うことを意味することになります。
　しかし，現代の建築や都市が「生きている」ことが比喩的な意味で大方の同意を得られるとしても，それが「自然生態系」を構成する生物と全く同じ意味で言えるものなのか，更には自然生態系とどのような位置関係にあるものなのかが，自然科学的手法で論議されることはありませんでした。
　本章から8章では従来よく似たものと考えられますが，あくまでもアナロジーとして語られてきた生態系と都市と言う二つの世界の成り立ちが両者に共通する生理的隔離（discrete viability）と言う新しいパラダイムを確立することにより，一つの世界に統合されること

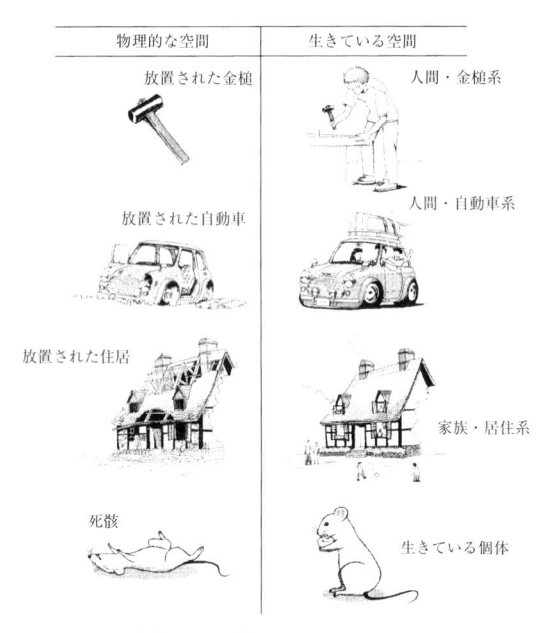

物理的な空間	生きている空間
放置された金槌	人間・金槌系
放置された自動車	人間・自動車系
放置された住居	家族・居住系
死骸	生きている個体

生きている空間と物理的空間

を論証するものとします。そしてそこに表れる成り立ちの法則性からみて現代都市がきちんとした空間構造をもつ必要性が明らかになってくるのです。

　建築も都市も生きていると言うアナロジー的に同意を得られていることをもう一歩進めると次のようになります。

　江上不二夫氏はイギリスの生理学者 C. B. ホルデーンの言葉を引用して「生物の最も本質的な特性は『正常なる特異的構造の積極的維持（Active maintenance of normal and specific structure）』を果たして自らを統一的に保っているものである」（江上不二夫『生命』岩波新書）と述べています。40億年をかけた絶え間ない生物個体及び生物社会の進化は正にこの言葉の中に過不足なく込められています。そして

建築や都市もわれわれ人間と一体になって，この生物に本質的な特性を表していることは明らかであります．

　一例をあげれば，人の住んでいない住居は，単なる空間的存在で，生きている特性は何ら発揮していませんが，そこに家族という人間の社会が住みつけば，住居は主体としての人間にとって暑さ寒さを防いだり，雨や風から守る機能を発揮し，同時にそうなれば常に清潔に清掃され，傷めば補修され，家族の構成員が増えれば部屋を増築するということになります．そしてそこに永い年月を経るに従い，家族と住居は一体として独特の生活史を刻むことになり，それは世界中でその家族と住居というだけの特異な姿をとることになるのです．これはまさに生物の一員である人間家族と物理的空間としての住居が一体となって家族・住居系という生きている空間の特異的構造が積極的に維持されることを示しており，前出の生物の特性を有するのであります．

　どのような立派な住居も，家族がそこに住まなくなった途端に機能的空間ではなくなり，物理的な空間になってしまい，窓ガラスが割れたり，屋根に穴が空いても，元へ戻そうとする積極的な維持が行われなくなり，風雨にさらされ，朽ちて分子にまで還元されてしまうのです．このようなことは，住居だけでなく倒産したオフィスや工場，ゴールドラッシュが過ぎたアメリカのゴースト・タウンそしてイタリアのポンペイのように人間社会がいなくなった都市の遺跡を見れば，全く同様であるのがわかるでしょう．それは正に生きているネズミの個体とその死骸との関係と同じと言えます．

　一方，自然界における巣によって餌をとって生きるクモ，蟻塚に生きるアリの社会，テリトリーを維持しつつ生きるライオンの社会（pride）といった個体を越えた生きている空間の状況を，われわれは

第6章　都市と生物に共通する基本的特性　67

巣をはるクモ

生態系の一部として何の違和感も覚えずに受け入れていることに気づくのです。

生物の系列と都市の系列とはホールデンの言葉によってしっかりと交わるのです。そして正に「よりよく生きよう」とその歴史的構造を維持しつつ積極的に努力することこそ，私たちの都市や建築を支えている基本なのであります。人間社会と一体になった道路，建築，自動車等の蓄積として都市を考えれば，それは生きている空間として自然界の生物の世界の一部であるに違いないのです。そして都市が生態系の一部であるという一般的な認識に至るのを妨げているのは，唯一それを証する客観的な座標即ちパラダイムが欠けていただけなのです。

では単細胞生物から人間までを含むあらゆる生物の個体，並びにハチやアリの生物社会から都市として現出している人間社会のすべてに共通して現れる現象に基づく座標（パラダイム）とはどのようなものでしょうか。それは他でもない生きている空間の世界における空間的な側面に基づく座標なのです。

空間的な側面は，動植物を問わずすべての生物の個体，生物の社会，そして都市を含めた人間社会にも全く普遍的に現れる故，もしそこに生きている空間の構造を的確に表す座標が見出されれば，それは生物の世界と人間社会の表れである都市との間に断絶を生ずる心配は全くなくなるのです。ただそれはあくまでも生きている空間の空間的側面という範囲のことであり，生きている状態のみを対象とするのは言うまでもないことであります。

第 7 章
生きている空間の原点「細胞 (cell)」

　それでは生物の世界と人間社会と一体になった状態の建築や都市を結びつける空間的側面を計る座標とはどのようなものでしょうか。

　その原点は，動・植物を含めてすべての生物は，細胞という微細な機能的かつ空間的な単位から成り立っているということであります。

　テイラーは「ロバート・フックによる『顕微鏡的な小孔』の発見が1665年にあってから動・植物どちらもが細胞からなり，細胞が独立した生命を持つことを生物学者が認識するまでに170年以上も経なければならなかった。すべての生物にあるこの共通要素の発見は生物学におけるただ一つの偉大なる一般化であった。」（テイラー『生物学の歴史』みすず書房）と述べています。

　それは生きているものの空間的側面に関する最も基本的な一般論の確立でもあったのです。生命あるものすべてはこの自ら生きている空間の単位から成り立ち，すべての生物は人間も含めて，様々にその機能即ち生き方は異なっても常に細胞の整数倍から成り立ち，更にすべての社会は個体の整倍数から成り立つ故，結局都市もまた人間の細胞の整倍数から成り立つことになるのです。

　生物の身体が，各器官が，何か一様の物質からそれぞれの大きさになっているとしたら，アミーバやゼニゴケから欅や鯨そして人間の社会までを貫く空間的構造を計る座標などとても考えられないでしょうが，そこに細胞という基本的な単位空間の存在が普遍的に認

識されると，そこには細胞の数の増加，種類の分化に対応して如何にして多数の細胞が集まってより上位の機能的空間である器官や個体や社会を形成してゆくかという生きている空間の「構造を計る座標」の存在が考えられます。

　一般に細胞は10〜100ミクロン程度の大きさで，最大のものでも肉眼ではやっと見える程度のものです。そしてその機能は様々に変化するけれど，すべての細胞は明確な閉じた空間を形成しており，他の細胞とは機能的かつ空間的に独立して生きています。

　空間的にかつ機能的に有限性をもつということが，生きている空間の基本である細胞に普遍的に現れる第一の性質です。

　細胞の普遍的な性質の第二は，それがすべて生きてゆく上で，エネルギー並びに物質代謝上開放システムをとることです。すべての細胞は，水や酸素の他に様々な物質やエネルギーを体外から摂り，自らを維持し，老廃物や生産物を外部へ排出するという開放システムを普遍的に行っており，そしてその必然的結果として多細胞の動植物個体も，個体の集合としての社会も開放システムをとることになるのです。それ故開放システムをとるということもまた生きるということと直結する概念であると言って良いことになります。

　さて生きている空間の基本である細胞の成り立ちの第一の普遍的性質が有限なる閉じた空間として外界とは区別されることであり，第二の性質がエネルギー物質代謝を行う開放システムをとるということであるとすれば，すべての細胞はこの第一，第二の二つを共存させる特殊な仕組みの境界で囲われていなければならないことになります。

　細胞においてこの境界は細胞膜と呼ばれており，個々の細胞が有限性を確保し，その外部の空間と混じり合わないようにしているの

ですが，同時に細胞膜はその細胞の生命維持に必要な水分や酸素や栄養を摂り入れ，呼吸の結果の老廃物や光合成の結果の生産物を始め様々な生産物をその外へ排出したりする機能を有しているのです。更にそれはまた細胞の生存に必要な細胞内の水分や有機物はその内部から流出するのを防ぐのと同時に，余分な水や有害物の浸入を拒絶する機能をも有しているのです。このような複雑な機能を一言で表現するとすれば，「細胞の生きてゆくのに望ましい事象は透過させるが，望ましくない事象はその透過を拒絶するという選択透過の機能」ということになります。そして，

> 「このような細胞膜（原形質膜）の選択透過機能は浸透圧に基づくものと考えられているが，特にその機能が著しく発揮されるのは細胞が生きているときだけである。細胞が死ねばいろいろな物資が透過しやすくなってしまうのである。」（芦田譲治他『生物』より）

とすれば，このような選択透過機能をもつ境界とは生きていることと一体の現象であり，その選択透過の選択の規準はあくまでもその

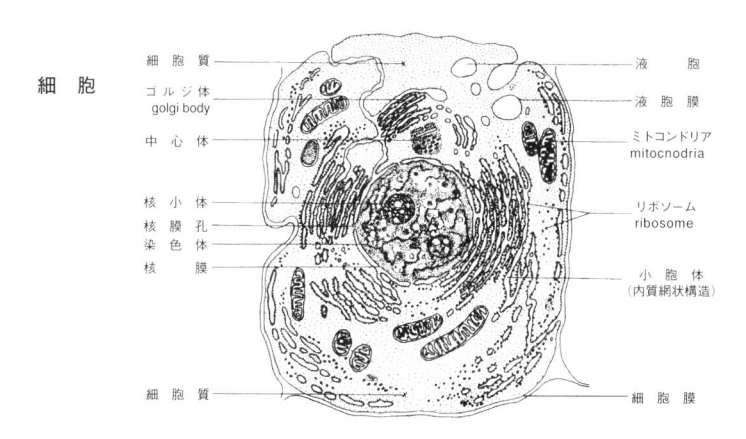

[出典：四訂　生物図説，秀文堂編集部編，昭和44年4月3日発行]

第7章　生きている空間の原点「細胞」　71

[図: 細胞膜の選択透過機能]
- 余分な水, 塩類 → 拒絶
- O₂, H₂O, 栄養 → 透過
- → CO₂, 老廃物 透過
- 拒絶
- 外部環境／細胞／細胞膜
- ○○○⇒ 細胞の生命維持の望ましい事象
- ●●●➡ 細胞の生命維持の望ましくない事象

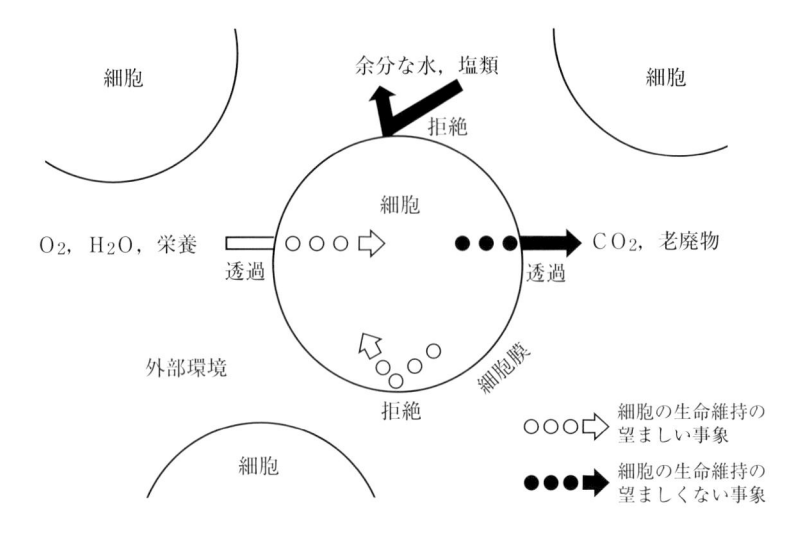

細胞膜の選択透過機能

細胞が「よりよく生きてゆくために」という統一的なものになり，前に述べた「正常なる特異的構造を積極的に維持」するために望ましいか望ましくないかが細胞自体により統一的に判定されることになるのです。このような選択透過機能をもった細胞膜によってすべての細胞は環境の中で有限化され，開放システムを維持しつつ生きている空間として成立しているのです。

以上で機能的空間の基本単位としての細胞に普遍的な性質が三つ抽出されました。ここにまとめてみると，

1. 細胞は機能的かつ空間的に有限であり，閉じた空間をなす。
2. 細胞は開放システムをとり，エネルギー並びに物質的代謝を行う。
3. 1.と2.を両立させるため細胞は，その正常な特異的構造の維持（生命維持）に望ましい事象の透過は許容し，望ましくない事

象の透過はこれを拒絶するという統一的価値判断に基づいた選
　　択透過機能を有する境界で囲われる。
　これら三つは，機能的並びに形態的には無限の変化を見せるすべ
ての動植物の細胞に全く普遍的に現れる空間的な性質なのです。

第 8 章
都市と自然生態系をつなぐ座標「生理的隔離（discrete viability）」

　前章でまとめた細胞の三つの成り立ちの基本のうち，機能的・空間的な有限性とエネルギー並びに物質代謝的に開放システムをとるという二つは，細胞のみならず，多細胞の器官や生物個体，さらにはテリトリーを領有する生物の社会やわれわれ人間の生活する部屋や建築においても，一般的に成立していることは誰でも理解できるでしょう。さらに近代工業化以前の市壁等で囲まれた都市も同様に，この二つの基本事項を併せて備えていました。それに比べて，三つ目の細胞の生命の維持に望ましい事象の透過は許容し，望ましくない事象の透過はこれを拒絶するという選択透過機能を持つ細胞膜のごとき境界の存在は，従来，生物学においては細胞レベルのみで重要に扱われてきただけで，器官や個体についてもほとんど言及されていなかったし，ましてや，生物のテリトリーや都市を含めた生命現象に関する一般的視点として議論されてきたことは皆無です。しかし，よく考えてみれば，細胞のみならず，生物の器官や個体，テリトリーを持つ動物や社会もまた，それぞれの段階で機能的かつ空間的に有限で開放システムをとると同時に，それぞれがよりよく生きるための選択透過機能をもつ境界で，それぞれ外部環境と隔てられていなければならないであろうということも容易に推測されるところです。

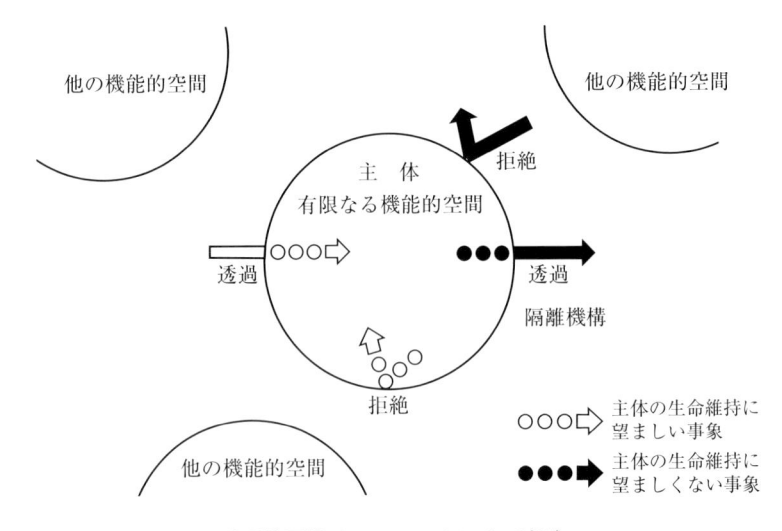

生理的隔離 (discrete viability) の概念

　細胞膜の選択透過は，主として浸透圧を制御するよう働くが，筋肉や皮膚で囲まれる哺乳動物の個体の選択透過は，体温のバランスをとったり，物理的衝撃から内部の臓器を守るように働く。また，選択的に食物や水を取り入れ，老廃物を排泄する。さらにテリトリーを持つ動物や動物社会においては，個体の外側に有限な空間を規定し，その空間内への同種の他社会の個体の侵入を拒絶するが，餌となる生物の透過は許容するという具合に選択透過機能を持っていると考えられます。

　人間をはじめとする様々な動物のテリトリーは，領有の主体となる生物個体または社会と一体になり，積極的に維持されている有限なる空間を形成しているものと考えられます。

　上に述べたように，主体の生命維持に望ましい事象の透過の許容と，望ましくない事象の透過を拒絶するという細胞膜に見られるよ

うな機能は，広く生きている現象の様々なレベルに現れるものです。

そこで，その主体の統一的価値判断に基づく選択透過の機能を持つ境界で生きている空間が環境内で有限化されることを，「生理的隔離（discrete viability）」という概念で一般化し，それの重なりの度合によって生物や生物社会，そして都市を含む人間の社会を分類整理することを試みました。

生理的隔離の概念は左図のように，生きている主体が「よりよく生きるため」にという統一的価値判断を含む概念であり，それゆえ，生命現象を表す生きている空間にのみ現れるシステムなのです。

本論で規定した生理的隔離の概念には常に透過の許容，拒否を決定する判断主体としての生きている空間と，透過の許容と拒絶の対象となる環境を形成する様々な物や現象が同時的に含まれていることになります。そして多細胞生物は一般に先ず細胞が個々に隔離され，次に細胞が多数集まった器官が隔離され，更にその器官が多数集まった個体が隔離されるという具合に各々のレベルの隔離が何重にも重なった姿，即ち空間構造として捉えられることになるのです。そして，それと同時に各レベルの段階的な機能も発現することになります。

このような生理的隔離の概念が確立されれば，その重合度の段階に応じて単純な生き方をする単細胞生物から始まって，順次次元の異なる隔離を重合しつつ，より複雑な構造をもつ多細胞生物，更に様々な生物社会までを空間的座標を与えつつ分類することができることになります。

従来の生物学による分類は，生態，発生，形態等の機能的側面や形によるものであって，それがゆえに，まず動物・植物という二大概念に分類されることになりましたが，「生理的隔離機構（discrete

様々なレベルの生理的隔離

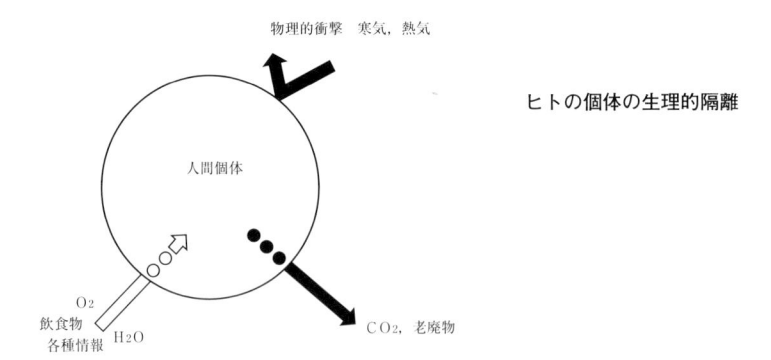

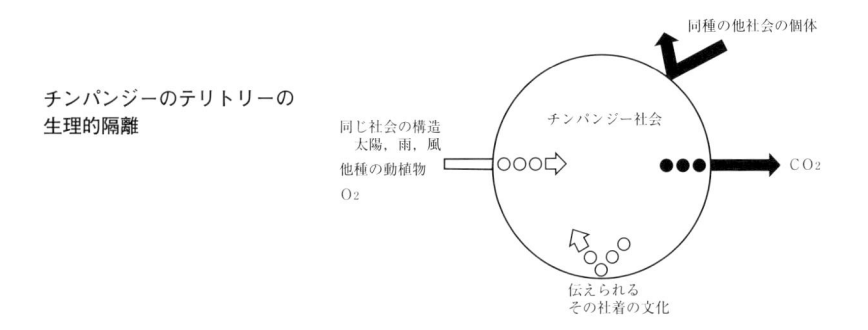

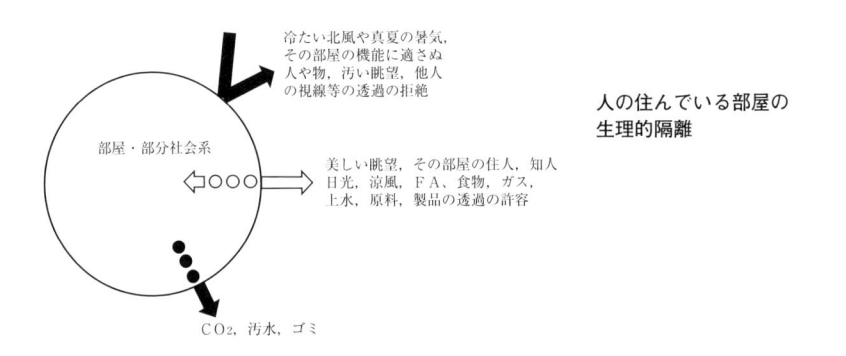

ヒトの個体の生理的隔離

物理的衝撃　寒気，熱気

人間個体

O_2
飲食物
各種情報　H_2O

CO_2，老廃物

チンパンジーのテリトリーの
生理的隔離

同種の他社会の個体

チンパンジー社会

同じ社会の構造
太陽，雨，風
他種の動植物
O_2

CO_2

伝えられる
その社着の文化

人の住んでいる部屋の
生理的隔離

冷たい北風や真夏の暑気，
その部屋の機能に適さぬ
人や物，汚い眺望，他人
の視線等の透過の拒絶

部屋・部分社会系

美しい眺望，その部屋の住人，知人
日光，涼風，ＦＡ，食物，ガス，
上水，原料，製品の透過の許容

CO_2，汚水，ゴミ

建築の生理的隔離

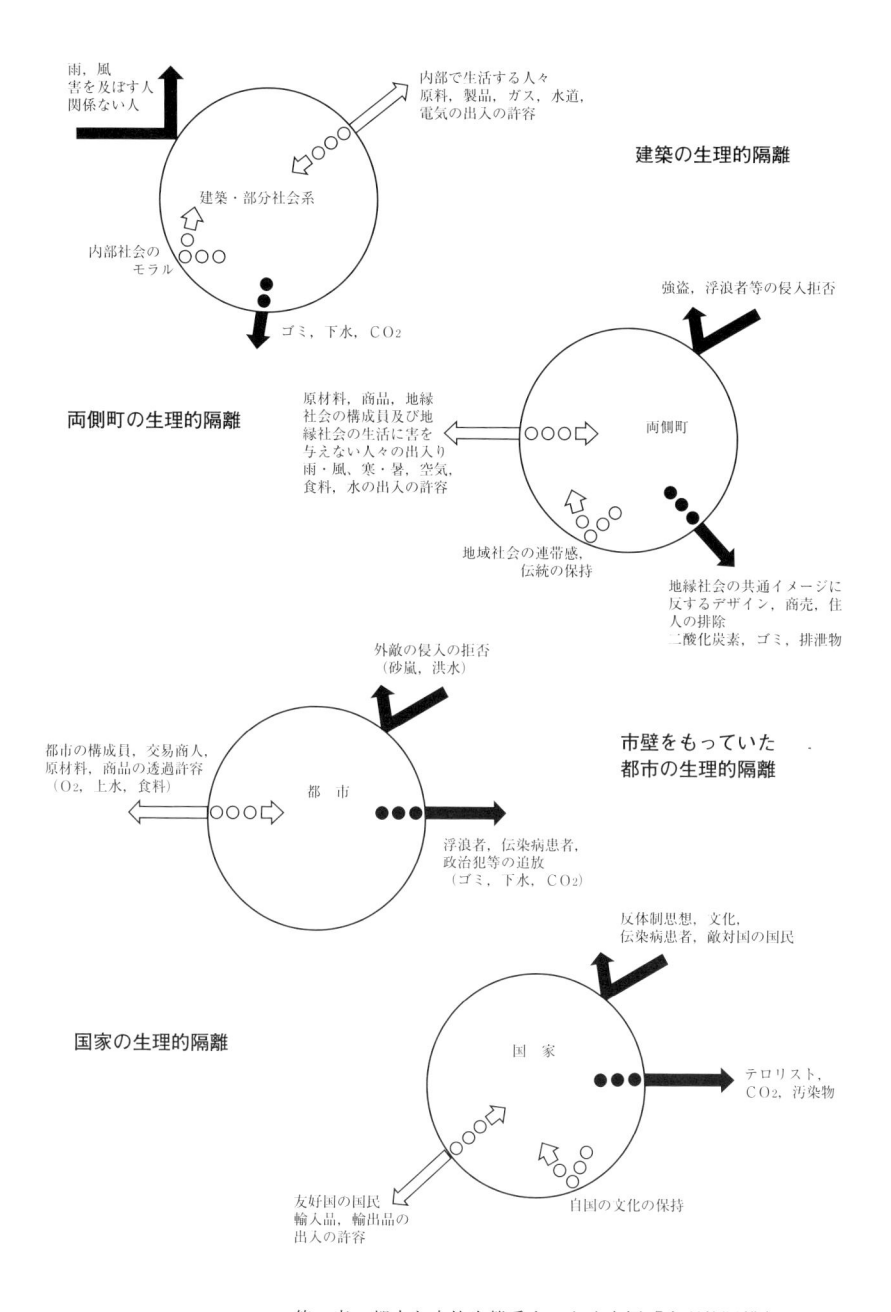

- 雨, 風
  害を及ぼす人
  関係ない人
- 内部で生活する人々
  原料, 製品, ガス, 水道,
  電気の出入の許容
- 建築・部分社会系
- 内部社会のモラル
- ゴミ, 下水, CO_2

両側町の生理的隔離

- 強盗, 浮浪者等の侵入拒否
- 原材料, 商品, 地縁社会の構成員及び地縁社会の生活に害を与えない人々の出入り
  雨・風, 寒・暑, 空気, 食料, 水の出入の許容
- 両側町
- 地域社会の連帯感, 伝統の保持
- 地縁社会の共通イメージに反するデザイン, 商売, 住人の排除
  二酸化炭素, ゴミ, 排泄物

市壁をもっていた都市の生理的隔離

- 外敵の侵入の拒否
  (砂嵐, 洪水)
- 都市の構成員, 交易商人, 原材料, 商品の透過許容
  (O_2, 上水, 食料)
- 都　市
- 浮浪者, 伝染病患者, 政治犯等の追放
  (ゴミ, 下水, CO_2)

国家の生理的隔離

- 反体制思想, 文化,
  伝染病患者, 敵対国の国民
- 国　家
- テロリスト,
  CO_2, 汚染物
- 友好国の国民
  輸入品, 輸出品の出入の許容
- 自国の文化の保持

第8章　都市と自然生態系をつなぐ座標「生理的隔離」

viability)」の重合の度合による分類によれば，機能上，形態上そして規模の特徴は一切消去され，動物も植物も含めて，唯一，隔離の重合の度合，言葉を換えれば空間的構造と言う観点から包括的に検討できることになるのです。そして，そのような空間構造の延長上に建築や都市も含まれることになるのです。

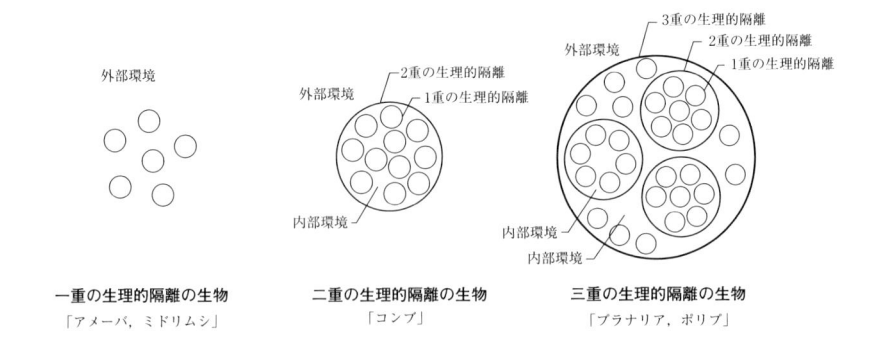

生理的隔離の重合度の判定は，次の規準によるものとします。

(1) 細胞をすべての原点としてそれぞれの生物が直接外部環境に適合しつつ継続的に生きている状態の最も高い重合度をその生物の重合度とする。

(2) 同じ隔離の重合度の空間群が並列的に連結或いは集合している場合，その数，大きさに関係なく隔離の重合度は変わらないこととする。

(3) 生きている空間の生理的隔離の重合の度合は図のように判定するものとする。

生理的隔離の重合度

一重の生理的隔離の生物
「アメーバ，ミドリムシ」

二重の生理的隔離の生物
「コンブ」

三重の生理的隔離の生物
「プラナリア，ポリプ」

第 9 章
都市を含む自然生態系の空間的構造

A. 一重の生理的隔離の完結生物 (Level-1 discrete viability)

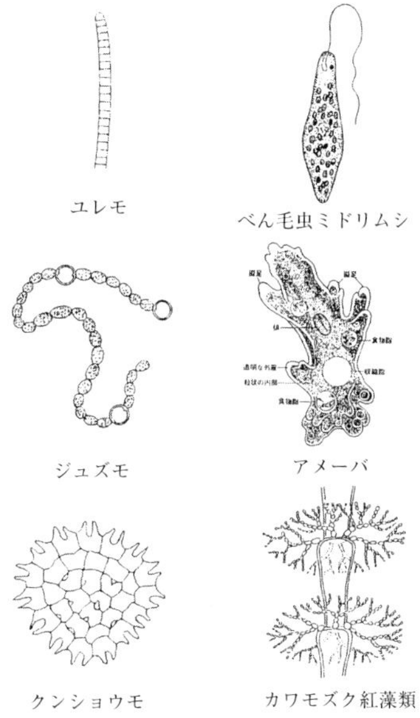

アメーバ，ゾウリムシ，ミドリムシ，ジュズモ，クンショウモ等の動植物では，細胞の生理的隔離イコール個体の生理的隔離となり，すべてこれ以上の隔離の重合を必要とせず，直接外部環境に適合し生き続けていけます。それ故アメーバやミドリムシは一重の隔離で完結している生物個体ということになります。ジュズモやクンショウモのように並列的に連結しても隔離の重合度は変わりません。

ユレモ　　べん毛虫ミドリムシ
ジュズモ　　アメーバ
クンショウモ　　カワモズク紅藻類

一重の生理的隔離の完結した生物

ミドリムシ個体の生理的隔離

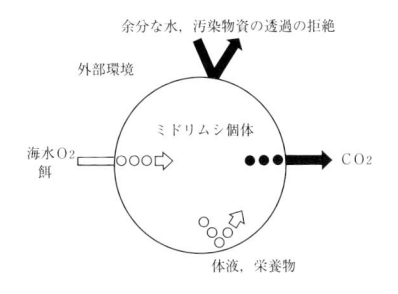

外部環境 / 余分な水，汚染物資の透過の拒絶 / 海水 O_2 餌 / ミドリムシ個体 / CO_2 / 体液，栄養物

81

B. 二重の生理的隔離の完結生物 (Level–2 discrete viability)

　ワカメやコンブなどの植物は，海水という穏やかな外部環境の中で

「細胞の隔離」—「個体の隔離」

と言う二重の隔離のみで連続して生活していける完結した生物個体となります。個体のどこを切っても同じ構造になっています。個体内の余剰成生物の移動を行う髄細胞が機能分化しています。

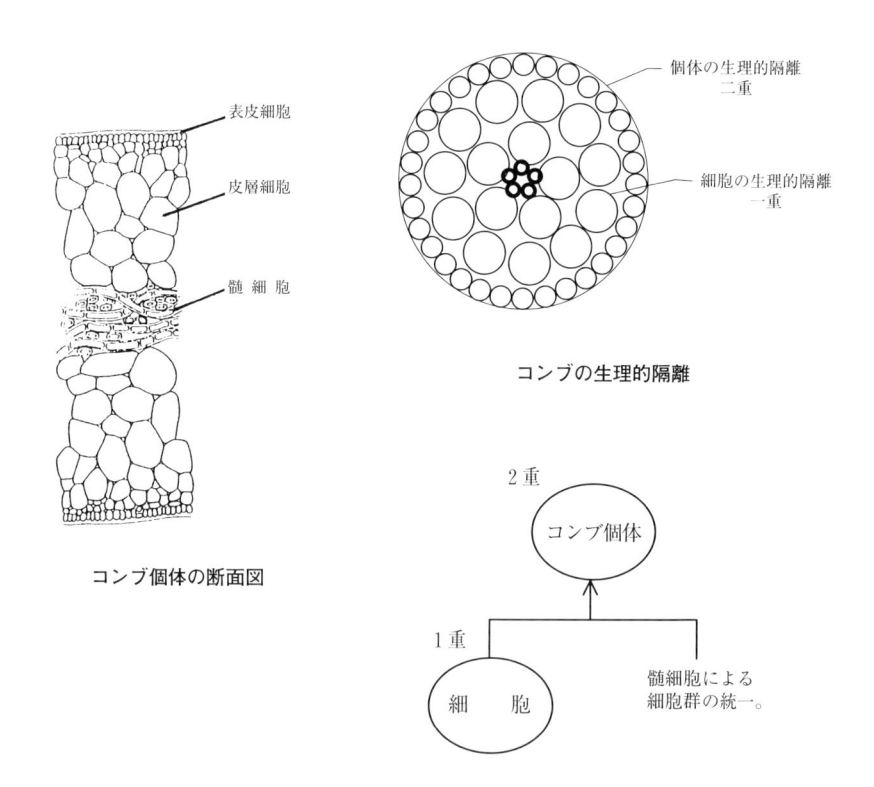

コンブの生理的隔離

コンブ個体の断面図

C. 三重の生理的隔離の完結生物 (Level–3 discrete viability)

　自然界において淡水中のプラナリア，海水中のポリプ等の動物や，ケヤキやカシ等の陸上植物は，三重の隔離をもって継続的に外部環境に適合しています。

　ポリプは二重の生理的隔離から成り立つ「腔腸」の外側に丈夫な個体の隔離をもち，海水中で連続的に生きています。それ故ポリプは，

「細胞」―「腔腸」―「個体」

という三重の隔離を保って外部環境に直接適合している完結した動物個体であります。

　より複雑な体制をもっていても開放血管系の動物はこのような三重の隔離の体制がいくつも並列につながっているだけで外部環境に適応しています。

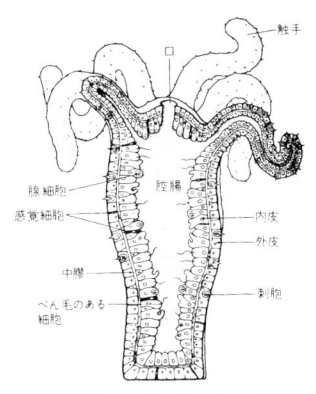

ポリプの基本的な構造
[出典：生物学資料集，東京大学出版会]

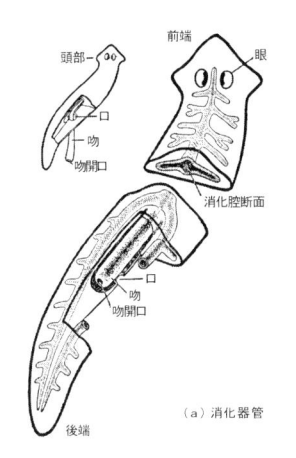

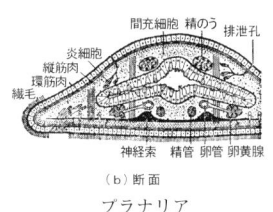

（a）消化器管

（b）断面
プラナリア

三重の生理的隔離の完結した生物
[出典：animals without backbones, Penguin books]

第9章　都市を含む自然生態系の空間的構造　83

3重の生理的隔離の完結した生物

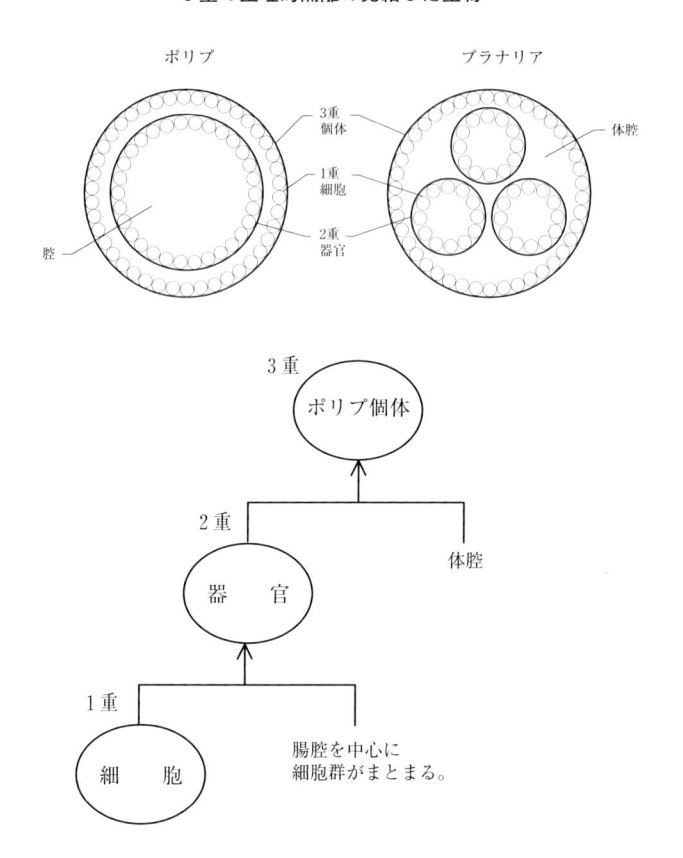

ポリプ　　　　プラナリア

- 3重個体
- 1重細胞
- 2重器官
- 腔
- 体腔

```
       3重
     ポリプ個体
      ↑
   ┌──┴──┐
  2重      体腔
  器官
   ↑
  1重       腸腔を中心に
  細胞      細胞群がまとまる。
```

　陸上植物の葉においては，外側に光や空気の出入を制御する「葉」の生理的隔離があります。そして葉の内部の細胞は，水や養分や生成物を運ぶ網目のように細かく分岐する維官束を中心として細胞のクラスターを形成します。

　この細胞のクラスターは維官束の分岐から分岐までの有限性をもつことになり，求心的なまとまりをもち，隣のクラスターとは浸透圧

的に区別されます。つまり葉は,

　「細胞」—「細胞のクラスター」—「葉」

と言う三重の隔離 (Level–3 d. v.) から成り立ちます。そして多数の葉をもつ陸上植物の個体は, 葉の並列的集合体であり, 全体としても三重の隔離 (Level–3 d. v.) で成り立つ完結した生物個体をなすことになります。枝や幹は維官束細胞の束が表皮に覆われた二重の生理的隔離から成り立ちます。

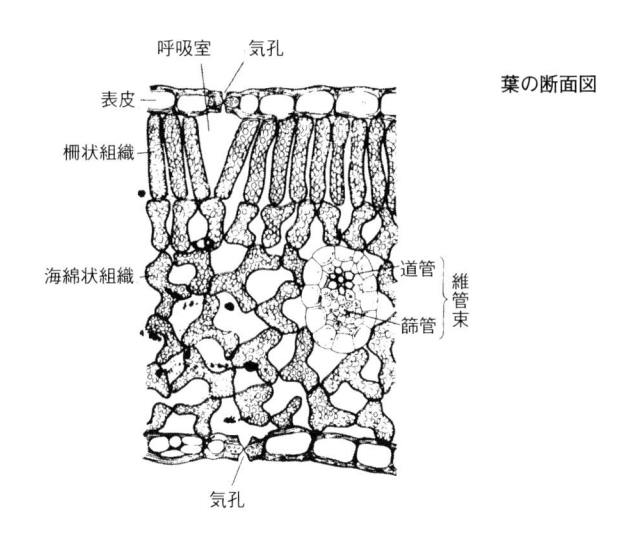

葉の断面図

[出典:生物学資料集, 東京大学出版会]

葉の生理的隔離 （Level–3 d. v.）

衝撃，害虫　　光

葉の生理的隔離 （Level-3 d.v.）
細胞のクラスターの隔離 （Level-2 d.v.）
細胞の生理的隔離 （Level-1 d.v.）

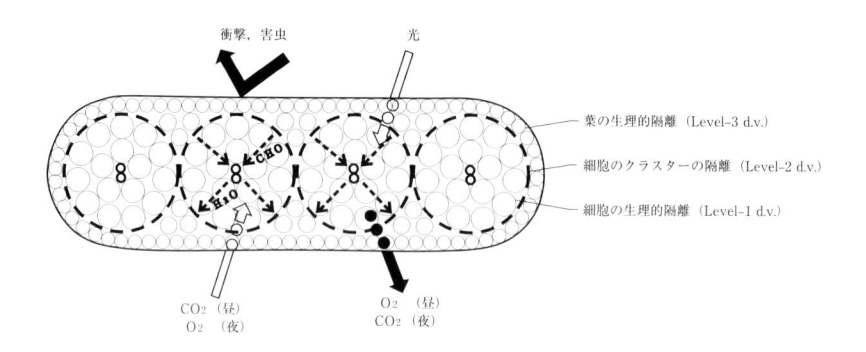

CO_2 （昼）
O_2 （夜）

O_2 （昼）
CO_2 （夜）

葉の構造

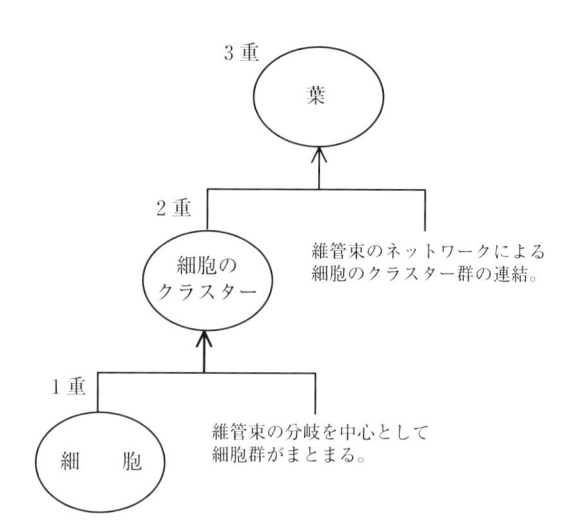

3重　葉

2重　細胞のクラスター　　維管束のネットワークによる細胞のクラスター群の連結。

1重　細胞　　維管束の分岐を中心として細胞群がまとまる。

D. 四重の生理的隔離の完結生物 (Level–4 discrete viability)

陸上のカエル，ヘビ，ヌーそして回遊魚等の閉鎖血管体制をもち，かつ豊富な食物の中で生活する故にテリトリーを形成しない動物は，

「細胞」─「細胞のクラスター」─「器官」─「個体」

と言う四重の生理的隔離 (Level–4 d. v.) をもって，外部環境に継続的に適合しています。

閉鎖血管体制をもつ多細胞生物の身体各部の組織は次頁の図「組織の内部構造」のようになっています。

組織内の細胞は内部環境としての細胞間隙の体液中に浸されていて，その体液との間で水，酸素，ミネラル分，各種栄養物を取り込み，炭酸ガスをはじめとする老廃物や生成物を放出しつつ開放システムを維持しています。

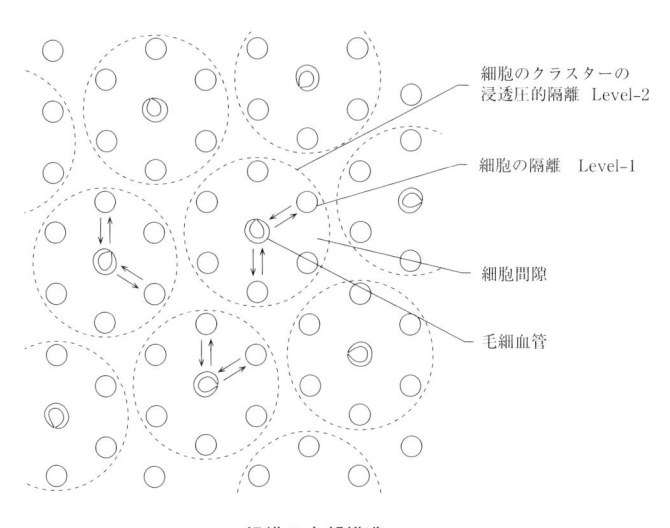

組織の内部構造

そして細胞の数が多くなり肉厚になれば，細胞間隙を移動する体液の流動による物質の移動だけでは，すべての細胞が等しい状態で開放システムを維持することが困難になります。そこで専ら物質の移動を司る運河としての空間が発生します。動物の血管がそれです。
　組織内に分布している細胞は，運河の末端の有限の長さの毛細血管を中心に物質交換を行う有限な求心的まとまりをもつクラスター (cluster) を形成することになります。クラスターの基本は毛細血管であり，毛細血管の長さは常に有限です。この結果，一つのクラスターは中心部に向かって物質の交換を行い，他のクラスターとは浸透圧的に隔離されます。細胞のクラスターは Level–1 の細胞の生理的隔離に，浸透圧的なクラスターの隔離が重合しているから二重の生理的隔離（Level–2 d. v.）から成り立つことになります。われわれが普段見慣れている一般の動・植物の組織はこのような細胞のクラスターが多数並列的に連結して成り立っています。
　そして「細胞のクラスター」が，血管で並列的に結び付けられ，同種の細胞のクラスターの集合として特定の機能をもつ脳，肝臓や肺等の器官になっています。
　器官は動物の体内で脳膜とか肋膜と呼ばれる器官膜で他の器官と混ざり合わないよう各個に生理的に隔離され，この結果器官は，

　「細胞 (Level–1 d. v.)」―「細胞のクラスター (Level–2 d. v.)」―「器官 (Level–3 d. v.)」

と言う構造をもつことになり，器官は三重の生理的隔離で成り立っていることになります。
　これらの器官群は，一般に頭部，胸部（囲鰓部），腹部という三つの体腔に分かれて納まり，それぞれその周りを丈夫な個体の隔離で

閉鎖血管系をもつ動物個体の隔離図

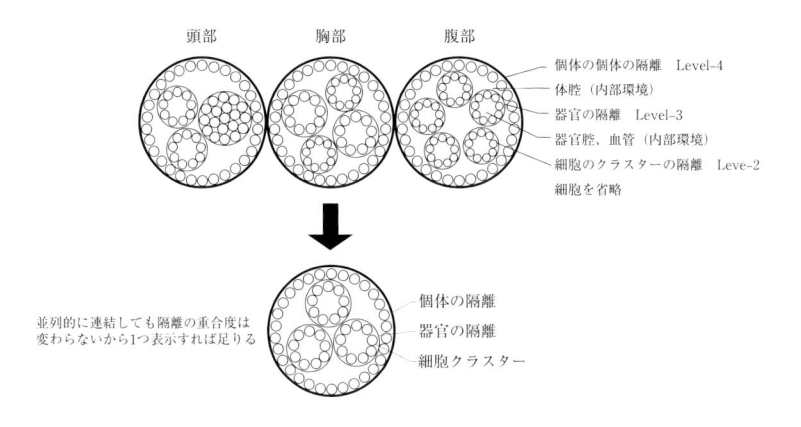

頭部　胸部　腹部

個体の個体の隔離　Level-4
体腔（内部環境）
器官の隔離　Level-3
器官腔、血管（内部環境）
細胞のクラスターの隔離　Leve-2
細胞を省略

並列的に連結しても隔離の重合度は
変わらないから1つ表示すれば足りる

個体の隔離
器官の隔離
細胞クラスター

4重の生理的隔離をもつ動物（カエル）の構造

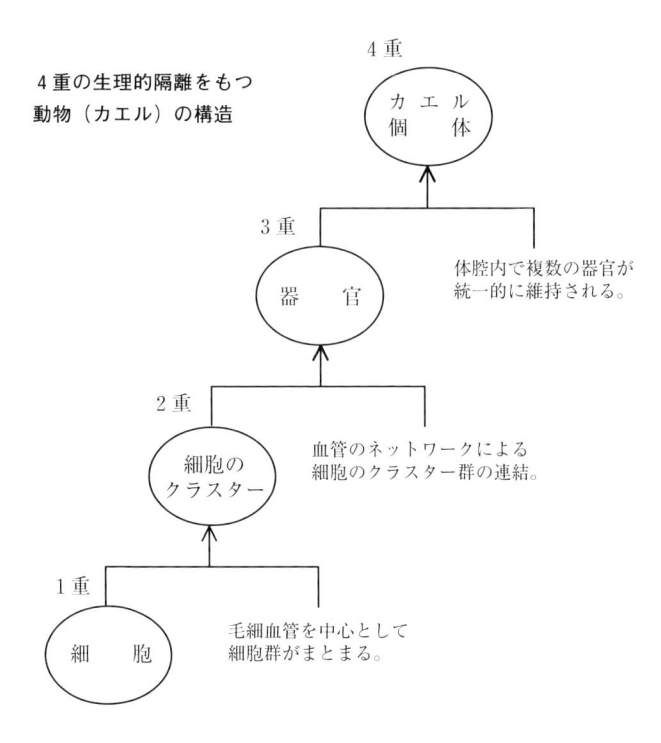

4重　カエル個体

3重　器官 — 体腔内で複数の器官が統一的に維持される。

2重　細胞のクラスター — 血管のネットワークによる細胞のクラスター群の連結。

1重　細胞 — 毛細血管を中心として細胞群がまとまる。

第9章　都市を含む自然生態系の空間的構造

保護されることになります。

　すなわち，これらの頭部，胸部，腹部はそれぞれ器官の生理的隔離に重なる第四番目の個体の隔離をもつことになります。そして閉鎖血管系をもつテリトリーをつくらない生物個体は，これらの並列的集合として，

「細胞」—「細胞のクラスター」—「器官」—「個体（Level–4 d. v.）」

という四重の生理的隔離が重合していることになります。そして四重の隔離のみで外部環境に連続的に適合してゆける完結した動物です。

　並列的に連結しても隔離の重合度は変わらないから頭，胸，胴は一個を表示すれば足ります。

　テリトリーをつくらない動物とは今西錦司『生物の世界』によれば「食物の中に寝て，食物の中を歩く」動物のことであり，言葉を換えれば同種の他の個体と競争することなく，安定して食物を得られる状況にある動物のことです。豊富な草原の草や森の木の葉，あるいは一定の密度で常に存在する昆虫をはじめとする他の動物を餌とする故，個体が完結すればその生活環境の中で生き続けられるのです。

E. 五重の生理的隔離の完結した動物社会 (Level-5 discrete viability)

ライオンやチンパンジーの社会はそれぞれ四重の生理的隔離をもつ閉鎖血管系の個体が社会をなしてテリトリーを維持して継続的に生きています。餌になる動植物が限られるようになると，個体の生理的隔離の外側にテリトリーと呼ばれる空間をマーキング，威嚇，そして実力行動により積極的に維持するようになります。

テリトリーは一般に同種の他の社会の個体に対して排他的になり，餌となる動植物は自由に出入りを許すという選択透過性をもつもので，主体となる生物の社会と一体になり，形成される有限なる生理的隔離機構をもつ空間となります。成熟期のアユは個体毎にテリトリーをもちます。

この状態は，四重の生理的隔離をもつライオンやチンパンジーの個体に重合してテリトリーの隔離（Level-5 d. v.）があることを示しています。彼らはこのような状態を生み出してはじめて地球上の草

チンパンジーのテリトリー

アユのナワバリ

［出典：新版　ピグミーチンパンジー，黒田末寿著，以文社］

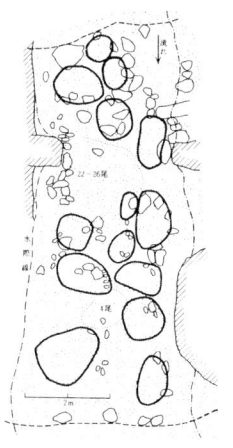

［出典：アユの話，宮地伝三郎著，岩波新書］

第9章　都市を含む自然生態系の空間的構造　91

原や山林に適合して連続的に生きてゆくことができる完結した状態になるのであり、テリトリーと個体は一体になって維持されるのであり、テリトリー・個体系として五重の生理的隔離をもつ有限なる完結した生物です。

テリトリーの生理的隔離（Level–5 d. v.）

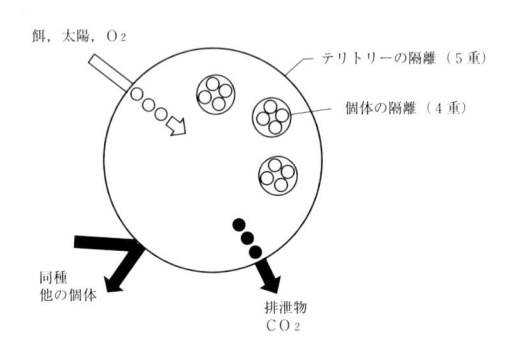

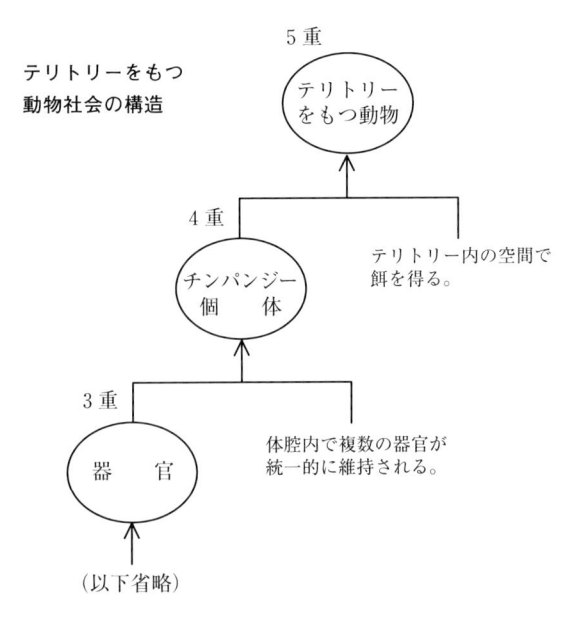

餌，太陽，O_2
テリトリーの隔離（5重）
個体の隔離（4重）
同種他の個体
排泄物 CO_2

テリトリーをもつ動物社会の構造

5重　テリトリーをもつ動物
　　　テリトリー内の空間で餌を得る。

4重　チンパンジー個体

3重　器官
　　　体腔内で複数の器官が統一的に維持される。

（以下省略）

F. 六重の生理的隔離をもつ「テリトリーの中に巣穴を持つ動物社会」(Level-6 discrete viability)

さらに子育て期のキツネやハイエナの社会では，テリトリーの中に巣穴を作り，その中で寒暑，風雨，捕食者から保護されて家族が生活しています。この状態は，四重の隔離の個体に巣穴の隔離（五重），そしてテリトリーの隔離が加わって全部で六重の隔離の重合から成立していると考えられます。即ち，

「細胞」—「細胞のクラスター」—「器官」—「個体（キツネ）」—「巣穴（Level-5 d. v.）」—「テリトリー（Level-6 d. v.）」

と言う六重に重合した隔離をもつことになります。

テリトリーの中に巣穴をもつ動物社会

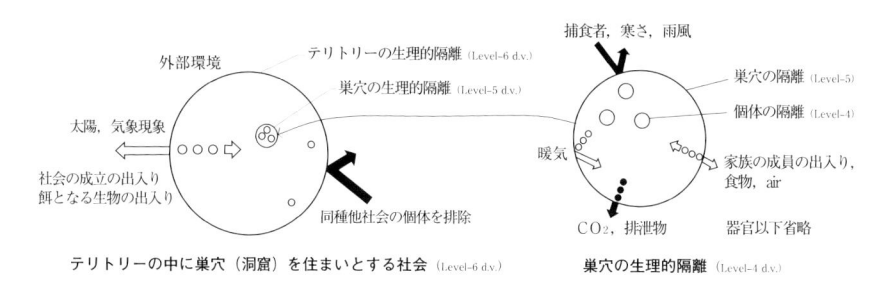

テリトリーの中に巣穴（洞窟）を住まいとする社会 (Level-6 d.v.)　　巣穴の生理的隔離 (Level-4 d.v.)

第9章　都市を含む自然生態系の空間的構造　93

テリトリーの中に巣穴をもつ動物社会の構造

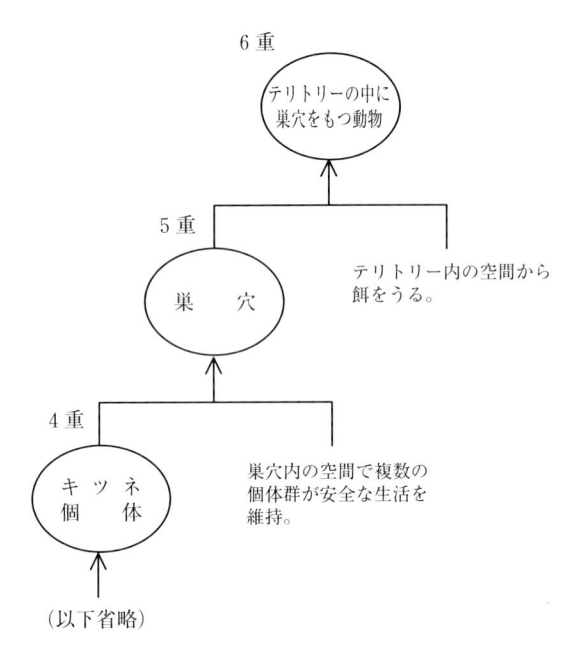

6重
テリトリーの中に巣穴をもつ動物

5重
巣　穴

テリトリー内の空間から餌をうる。

4重
キツネ個体

巣穴内の空間で複数の個体群が安全な生活を維持。

（以下省略）

　最も初期の人間社会が狩猟採集から始まり，おそらくテリトリー内の簡易な小屋や洞穴のような所に居を構え，家族を中心としたものだったと考えられます。このような状態は巣穴に暮らすキツネやハイエナと全く同じで，個体の隔離（四重）に小屋や洞穴の隔離（五重）とテリトリーの隔離（六重）が重合し，全部で六重の隔離からなる完結した生物でした。

G. 七重の生理的隔離の狩猟採集社会及び初期農耕社会 (Level-7 discrete viability)

　ヒトはその歴史の99％以上を狩猟採取社会として自然生態系の一部として生きてきました。より発展した狩猟採集社会は，考古学，文化人類学の調査から推測すると，縄文時代の集落のように四重の生理的隔離から成る個体に重なって巣穴や洞窟に代わる家族の住まう単室の住居がつくられ，更にそれらは広場を囲んで集落を成して周囲の原生林の危険な捕食者から守られ，祭りや共同作業を維持し，更にその社会が積極的に維持するテリトリーをもっていたと考えられます。つまり，狩猟採集経済時代の人間社会は図のような七重の生理的隔離を持つ完結した機能的空間として存在していたのです。即ち，

「細胞」―「クラスター」―「器官」―「個体（四重）」―「単室住居（五重）」―「集落（六重）」―「テリトリー（七重）」

という構造です。

縄文時代の集落（復元図）
[出典：建築の絵本　日本人のすまい　住居と生活の歴史，稲葉和也・中山繁信著，彰国社]

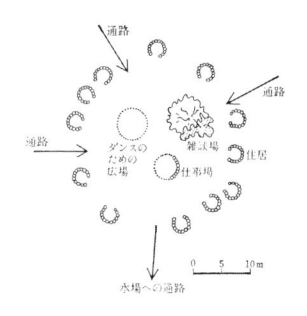

狩猟採集社会の構造
[出典：砂漠の狩人，田中二郎著，中公新書]

単室住居の集落をもつ狩猟採集社会

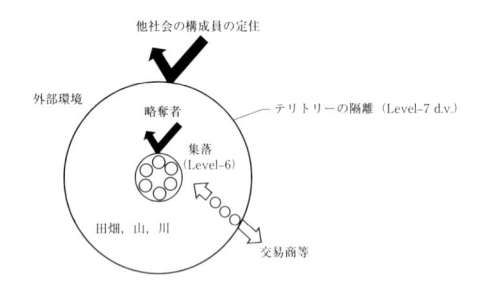

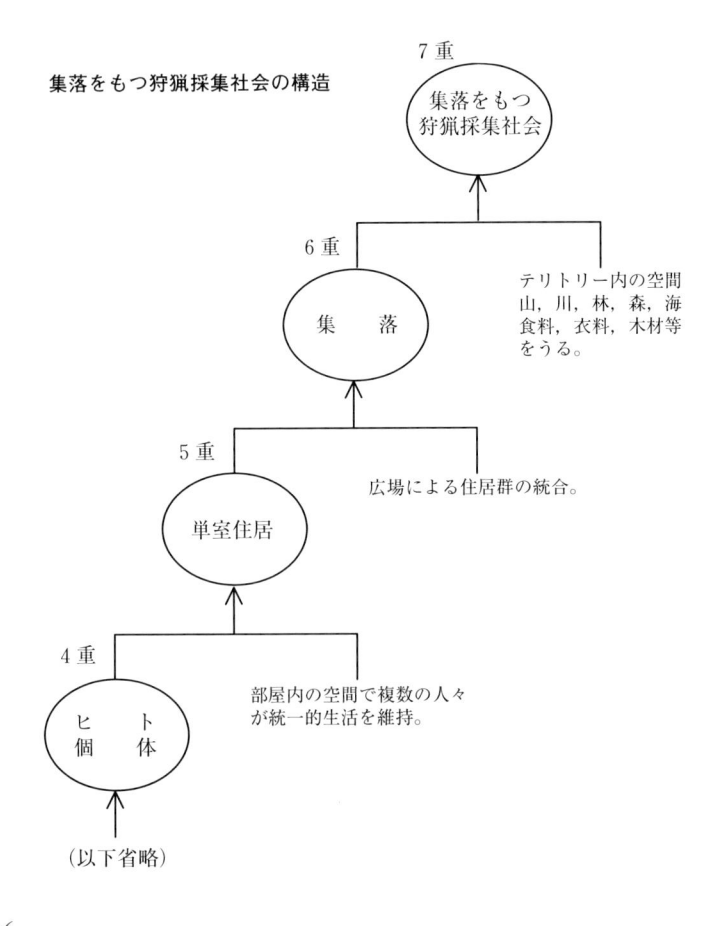

他社会の構成員の定住

外部環境
略奪者
テリトリーの隔離（Level-7 d.v.）
集落 (Level-6)
田畑, 山, 川
交易商等

集落をもつ狩猟採集社会の構造

7重 集落をもつ狩猟採集社会

6重 集 落 — テリトリー内の空間 山, 川, 林, 森, 海 食料, 衣料, 木材等をうる。

5重 単室住居 — 広場による住居群の統合。

4重 ヒト個体 — 部屋内の空間で複数の人々が統一的生活を維持。

（以下省略）

初期の農耕社会も大塚遺跡にみられるように複数の竪穴式住居（単室住居）を環濠で囲んで防衛する集落（六重）とその外側にテリトリー（七重）をもっていたと考えられます。

大塚遺跡
（横浜市埋蔵文化財調査委員会）

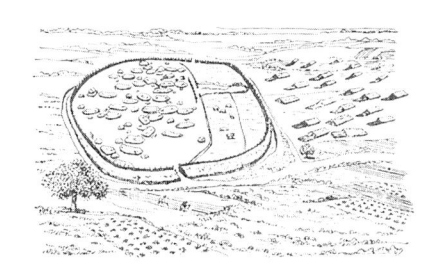

ケルン・リンデンタールの村落
［出典：人類学，石田栄一郎他著，東京大学出版会］

単室住居の初期農耕社会

H. 八重の隔離の発達した農耕社会 (Level–8 discrete viability)

　更に農耕社会に進化すると，集落は一層定着し，倉庫，台所，寝室等の複数の部屋を有する住居が現出します。それは，四重の隔離の個体に重合して様々な生活機能に即した部屋（五重）―複数の部屋をもつ住居（六重）―集落（七重）―農耕社会の支配する畑地や森林原野の隔離（八重）というパターンになります。即ち，

「細胞」―「クラスター」―「器官」―「個体」―「部屋」―「住居(Level–6 d. v.)」―「集落（Level–7 d. v.)」―「テリトリー（Level–8 d. v.)」

と言う八重の生活的隔離を重合させて外部環境に適合していました。

(1) Ic 地位（前 4400 年頃）の円形住宅と角型の住宅。パン焼カマドがあり住宅は互いに独立して建てられている。 　(2) IV 地位（前 4200 年頃）の二住宅。1〜8 までが一戸をなし，9〜11 が別の一戸をなす。 　(3) 復元図
ハッスーナの遺跡の住居（(1)(2)は小林文次『建築の誕生』相模書房より，(3)は石田英一郎『人類学』東京大学出版会より）

発達した農耕社会の複数の部屋をもつ住居

多室建築の隔離（Level-6 d.v.）

他人，雨，寒気，暑熱
その家の住人
建築の隔離（Level-6 d.v.）
部屋の隔離（Level-5 d.v.）
個体の隔離（Level-4 d.v.）
器官以下省略
庭

同種の他社会の
人々の定住
罪人，害獣
テリトリー（8重）
集落（7重）
山川，畑，田
交易，商人

略奪者
集落（7重）
建築（6重）
部屋（5重）
個体（4重）
広場，道
集落の住人，作物，交易商

発達した農業社会（8重）

発達した農耕社会の集落（7重）
複数の部屋をもつ建築の出現

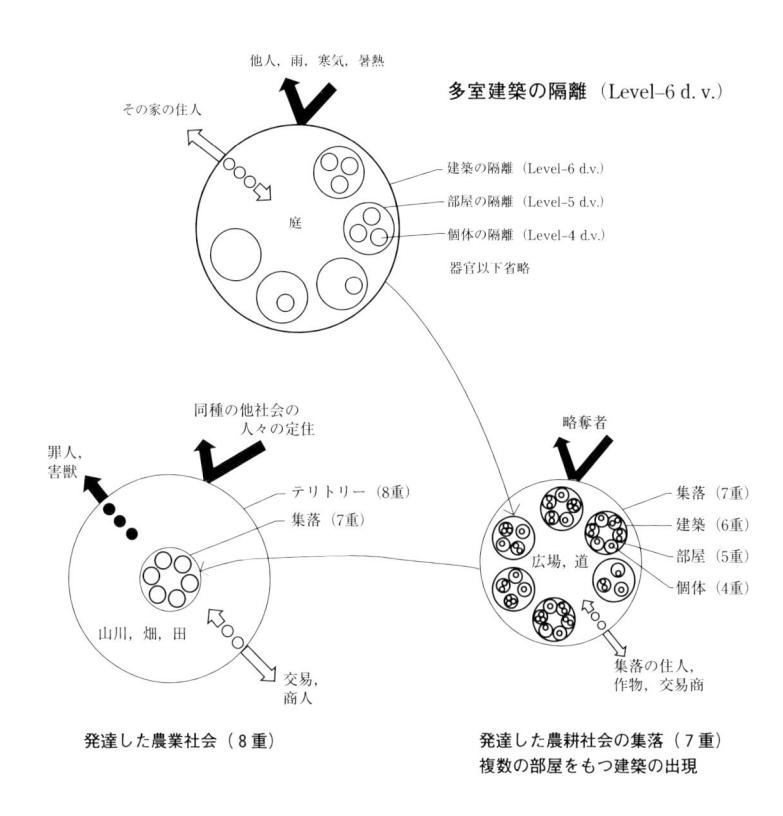

発達した農耕社会の生理的隔離（Level-8 d.v.）

第9章 都市を含む自然生態系の空間的構造

発達した農耕社会の構造

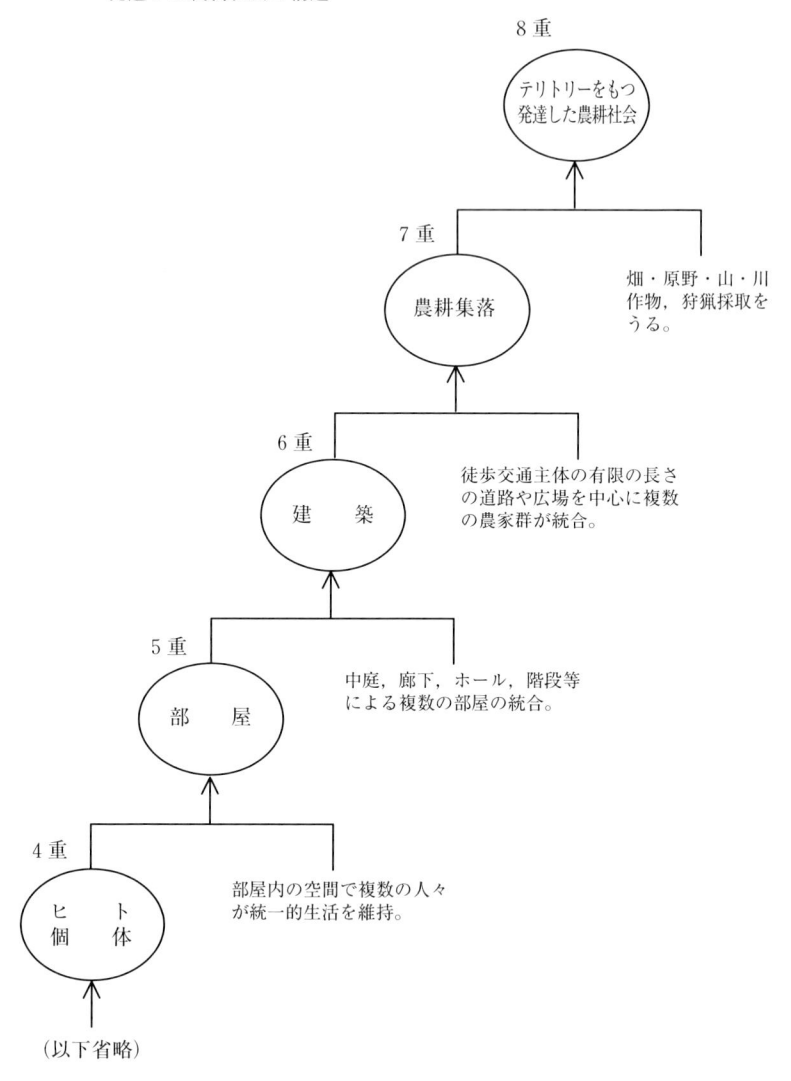

8重 ― テリトリーをもつ発達した農耕社会

畑・原野・山・川作物, 狩猟採取をうる。

7重 ― 農耕集落

徒歩交通主体の有限の長さの道路や広場を中心に複数の農家群が統合。

6重 ― 建　築

中庭, 廊下, ホール, 階段等による複数の部屋の統合。

5重 ― 部　屋

部屋内の空間で複数の人々が統一的生活を維持。

4重 ― ヒト個体

（以下省略）

I. 九重の生理的隔離の国家 (Level–9 discrete viability)

　農耕社会が発達し，土地の占有と余剰生産物の蓄積が進むと，多数の農耕社会を武力をもって統合する国家が生まれます。国家の統合と同時に統合の中心となる都市が誕生します。国家は複数の八重の隔離をもつ農耕社会と都市をその内部にもっています。

　紀元前3000年位からつい100年程前の近代工業化以前の国では，都市は市壁等による有限性をもち，

「部屋」—「建築」—「両側町」—「都市」

と言う構造をもっていたことは第2章で見てきたとおりです。つまり有限性をもっていた都市は，そこに住まう人間社会と一体となり，

「細胞」—「クラスター」—「個体」—「部屋」—「建築（Level–6 d. v.）」—「両側町（Level–7 d. v.）」—「都市（Level–8 d. v.）」

有限なる都市（中世ブラッセル）

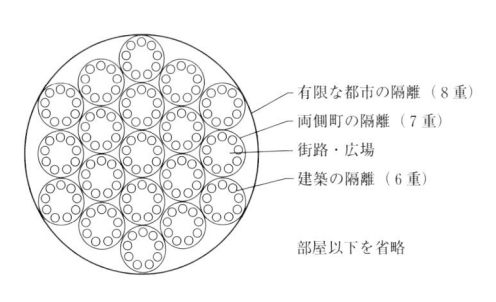

有限な都市の生理的隔離図（Level–8）

有限な都市の隔離（8重）
両側町の隔離（7重）
街路・広場
建築の隔離（6重）

部屋以下を省略

第9章　都市を含む自然生態系の空間的構造　101

と言う八重の生理的隔離を重合する空間構造をもつ生きている生物なのです。そして国家は，都市（八重）と農耕社会（八重）の上に国境と言う国家の生理的隔離を重合する九重の生物と考えることができます。

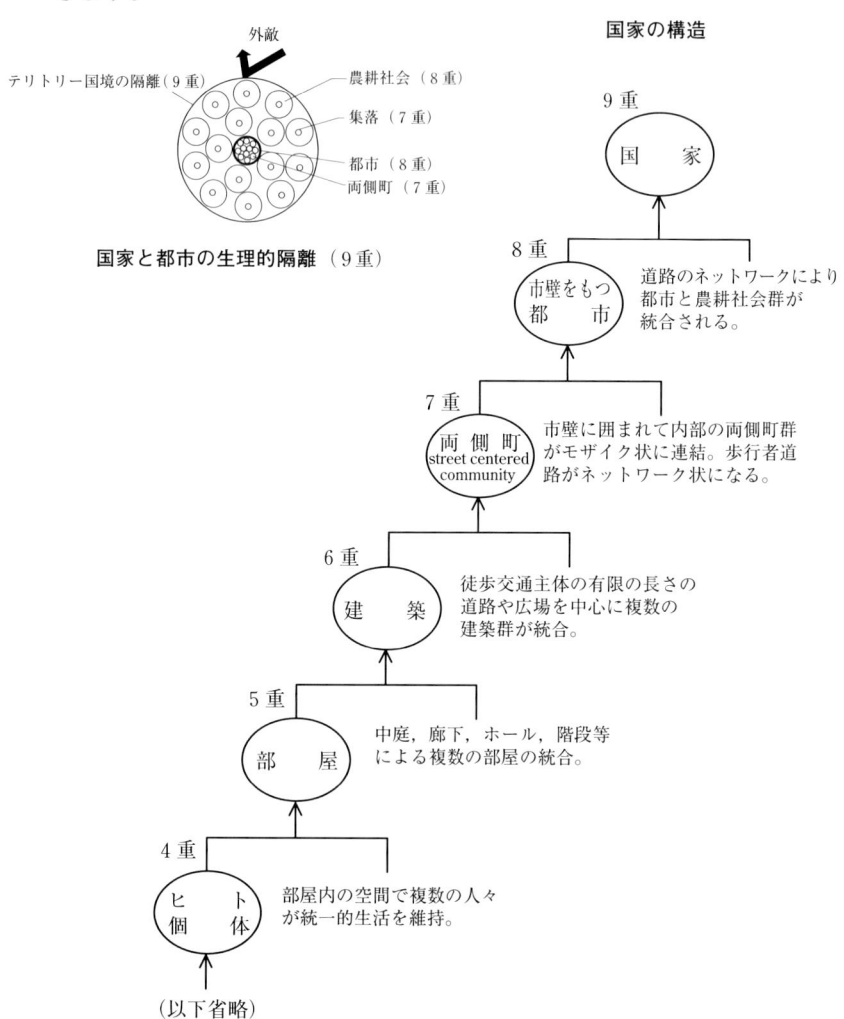

国家と都市の生理的隔離（9重）

- 外敵
- テリトリー国境の隔離（9重）
- 農耕社会（8重）
- 集落（7重）
- 都市（8重）
- 両側町（7重）

国家の構造

9重 国家 ← 道路のネットワークにより都市と農耕社会群が統合される。

8重 市壁をもつ都市 ← 市壁に囲まれて内部の両側町群がモザイク状に連結。歩行者道路がネットワーク状になる。

7重 両側町 street centered community ← 徒歩交通主体の有限の長さの道路や広場を中心に複数の建築群が統合。

6重 建築 ← 中庭，廊下，ホール，階段等による複数の部屋の統合。

5重 部屋 ← 部屋内の空間で複数の人々が統一的生活を維持。

4重 ヒト個体

（以下省略）

102

一重から九重の自然生態系の空間構造

　国家や都市を含む自然生態系を構成する様々な生物および生物の社会をその機能，形態，大きさを無次元化し，生理的隔離の重合度，言葉を換えれば生きている空間の構造のみに着目して整理したのが，表1 自然生態系の空間構造です。

　この表は横軸に直接外部環境に適合している完結した機能的空間を，縦軸にそれらの要素となる機能的空間をそれぞれ生理的隔離の重合度の低い順に並べている。自然生態系のすべては単細胞生物のアメーバやミドリムシからカエルの個体やライオンの社会，そして人間の原初的社会や都市をもつ国家を含め，この表のいずれかに位置付けられるのです。

　自然生態系を構成する動植物は約150万種といわれており，生物の世界は驚異的な多様性を示しているものですが，本論で提唱した生理的隔離機構の重合度，即ち生きている空間の構造を規準にすると，九つの段階に整然と分類されることが明らかになりました。つまりこの表は都市や建築を含めて生き物の世界すべての空間構造を示していることになるのです。

　第4章までに述べた両側町と言う地縁共同体をもち，正常な特異的構造を積極的に保ちつつ，歴史を伝えて来た「旧市街区」の有限なる都市は，生理的隔離と言う生きている空間に特有の座標からみれば八重の生理的隔離をもつ生きている空間として，全く自然に生物生態系に統括されるのです。

　建築が生きている，都市が生きていると言うのは，正に文字通りの意味で「生きている」のです。

　一般にわれわれが部屋，建築，両側町，都市と言う時それは人間

個体や人間社会と一体になって生きている空間を，人間個体や社会は当たり前のこととして省略して表現しているだけだったのです。

表1　生理的隔離の重合度から見た

↑要素となる機能的空間の隔離の重合度	9重隔離				
	8重隔離				
	7重隔離				
	6重隔離				
	5重隔離				
	4重隔離				
	3重隔離			ポリプ個体 (開放血管体制)	陸上植物(葉の集合) カシ・ケヤキ 陸上植物の葉
	2重隔離		コンブ個体 (水中植物)	腔腸等諸器官	葉の内部の維管束の分岐毎の細胞のクラスター
	1重隔離	ミドリムシ個体 (単細胞生物)	細胞	細胞	細胞
		1重の隔離の完結生物	2重の隔離の完結生物	3重の隔離の完結生物	

外部環境に適応して継続的に生きてゆける完結した生物 ────→

自然生態系の空間構造

					国土・国家社会系
				テリトリー・集落・農耕社会系	市壁をもつ有限なる都市
			テリトリー・集落・狩猟採集社会系	進化した集落・農耕社会系	両側町
		テリトリー・巣穴・キツネ家族系	集落・狩猟採集社会系	建築・ヒト部分社会系	建築・ヒト部分社会系
	テリトリー・ライオン社会系	巣穴・キツネ家族系	単室住居・ヒト家族系	部屋・ヒト個体系	部屋・ヒト個体系
カエル個体 (閉鎖血管体制)	ライオン個体 (閉鎖血管体制)	キツネ個体 (閉鎖血管体制)	ヒト個体 (閉鎖血管体制)	ヒト個体 (閉鎖血管体制)	ヒト個体 (閉鎖血管体制)
カエル個体内の諸器官（肝臓・脳等）	ライオン個体内の諸器官	キツネ個体内の諸器官	ヒト個体内の諸器官	ヒト個体内の諸器官	ヒト個体内の諸器官
毛細血管毎の細胞のクラスター (個体各部の組織)	毛細血管毎の細胞のクラスター (個体各部の組織)	毛細血管による細胞のクラスター (個体各部の組織)	毛細血管による細胞のクラスター (個体各部の組織)	毛細血管による細胞のクラスター (個体各部の組織)	毛細血管による細胞のクラスター (個体各部の組織)
細胞	細胞	細胞	細胞	細胞	細胞
4重の隔離の完結生物	5重の隔離の完結生物	6重の隔離の完結生物	7重の隔離の完結生物	8重の隔離の完結生物	9重の隔離の完結生物

第10章
現代都市の病理と快癒への道

現代都市の病理

　八重の生理的隔離によって成立していた有限なる都市は，近代工業化の到来とともに，急激にスプロールし，その隔離を退化させていきます。今井登志喜氏は，都市のスプロールを次のように述べています。

　　「現代以前の都市は，そのヒンターランドの狭小なこと，また市民の必要品供給品に限度があったこと等からして，無限に拡大することができなかったが，現代の社会生活は，それらの関係が変化したので，人々の都市集中は極めて大規模で，ほとんど停止するところを知らない状態である。現代以前の都市は，原則として囲廓を巡らし，これをもって都市と村落は厳然と区別された。現代の大都市の中世から継続したものは，従来囲廓を撤去し，その外に拡大した。ロンドンのロンドン＝ウォール，パリのブールヴァール，ニューヨークのウォール街，ウィーンのリングストラッセ等の名称は，旧時の囲廓の名残である。また，中世時代には都市と村落は政治上の特権に著しい名残が存在したが，現代はそれも消失した。しかし，都市と村落の間の区別が地理的にも，政治的にも不明確になった。」(『都市発展史研究』東京大学出版会)

　このような状態は，都市が農耕社会と並んで国家の中で第8レベ

ルの生理的隔離機構を失い，空間的・機能的有限性を喪失したものとして認識されねばなりません。

　さらに都市域の無制限の拡大並びに人口の増加は，人や物資の都市域内における移動の大量化，長距離化，高速化を必要とすることになり，モータリゼーションの時代を招くことになります。

　有限性をもっていた都市内の道路網とは，モザイク状に組み合わさった両側町のインフラ空間が互いに連結することによってでき上がった有限の長さの道路のネットワークでした。しかし，これらのネットワークに高速の自動車が走り抜けるようになってくると，これらの道路は自動車の通過交通のための機能を重視した空間に変質してしまうことになります。その結果，両側町は統合の基盤としての中心空間を失うことになり，たとえ道路に面して並んではいても，そこにある建築群は個々バラバラに互いに孤立して並んでいるに過ぎない状態に陥ってしまうのです。

　更に人間の出入りや物資の交換を通じて，それに面する建築群に住まい訪れる人々の生活道路であったものが，自動車の通行を主たる目的とするようになっていけば，それは国家全体を対象としたより広い道路ネットワークに組み込まれていきます。個々の有限の長さの道路は，より広域の管理体制下に組み込まれていき，地縁共同社会の手を離れていくことになります。自動車交通を主とした道路体系が完備すればするほど建築と道路を一体として認識する両側町という視点が失われていくのです。そうなれば，これらの道路は有限なる地域の人々の手によって清掃されたり，立ち話による情報交換の場になったり，地域の子供や老人たちの交流や遊び場になったり，お祭りや市のような両側町の住人の自発的意思に基づいた様々な催し物には使われることができにくくなっていくのです。多数の

建築群の有機的統合の中心であり地縁共同社会の成立基盤であった中心空間を失ってしまい，大都市の両側町は次々と崩壊し，個々の建築へと解体され，都市は建築の無機的な集合へと退化していきます。ここに両側町の第7レベルの生理的隔離も失われます。

以上の経過を経て，世界中の都市において都市の第8レベルの生理的隔離，両側町の第7レベルの生理的隔離の二つが失われ，生きている空間として生理的隔離を有するものは，六重の隔離の建築だけになってしまったわけです。建築までは，個の論理，主として経済的論理に従い，周囲の町並みや既存の都市内の歴史的構造を破壊しつつ，次々と脈絡なく肥大化しつつ建設されていきます。道路もまた，建築群と一体になった有限なる地縁共同体「両側町」の中心空間であったことを否定され，自動車交通に適することのみを第一義に掲げて，過激に，無節操に肥大化していき，既存の両側町の崩壊を加速していくのです。激しい自動車交通を含む道路は，その両側の建築群を互いに孤立させ，まさに都市を分断していくのです。

このようにして，現代都市は，ごく部分的な例外を除けば，六重の隔離の建築の並列的集合としてしか存在しなくなってしまうのです。量的には，古代，中世，近世の都市の数百から数千倍の大きさになっている現代都市は，生理的隔離の重合度，言葉を換えれば，生きている空間構造から見て二段階の生理的隔離を喪失して，人の社会の集住空間としては，表1（104〜105頁）の狩猟採集社会の集落と同じ六重の隔離のレベルにまで退化しているのです。これら狩猟採集社会の集落が数十から数百の人口しかなかったことを考えれば，その数十万，数百万倍の人口を擁する現代都市が，いかに自然界のシステムから逸脱しているかが，よくわかります。

現代都市の最も根本的病弊は，生き物としての大きさと機能に見

合う空間構造から見て，少なくても二重の生理的隔離機構が欠落していることが明確に理解されねばなりません。

快癒への道

　生物の個体や社会そして中世，近世の有限性を保った都市を含めて，ゆっくりと時間をかけて成熟した生きている空間は，細胞を原点として統合を繰り返して，小さく単純なものから大きく複雑なものへと進化してきました。これらすべての生物の体系は，生理的隔離機構という視点から表1に，整然と分類整理することができました。

　一方，様々な本質的問題を抱える現代都市のみは，この体系から逸脱し，空間構造の段階が一挙に二段階も退化していると判定されます。

　それ故，現代都市において，未来に豊かに成熟することを目指しつつ，個々の建設投資を予定調和的に行うための基本的前提となる都市の構造とは，表1に示された自然界の機能的空間の体系に整合した姿で描かれればよいと考えられます。さらに現代都市とは比較にならないほど小規模で単純な中・近世の都市がすでに八重の生理的隔離を備えていたのでありますから，その構造は少なくとも，八重の生理的隔離をもつものでなければならないことになります。

　そして，もはや全体として有限化することのできない現代の大都市に八重の生理的隔離を復活させる方法は唯一，都市を「個々に八重の生理的隔離をもつ有限なる生活空間の並列的集合」として捉えることなのです。

　この考え方は，都市の構造を生理的隔離のシステムに基づいて捉えるものであり，生理的隔離機構は生きているものに特有の選択透

過機構ですから，当然それは開放システムを維持する生きているダイナミックなシステムということになります。また，機能や形や大きさを消去した生理的隔離のシステムでありますから，地球上のあらゆる地点で，また，あらゆる時代にも普遍性を持ち得るものになります。

都市は，八重の生理的隔離を持つ有限なる生活空間が明確かつ普遍的にイメージされれば，その並列集合体として自由に拡大していきつつ，それぞれの正常な特異的構造を保ちつつ，自然生態系のシステムに整合できるのです。

大都市において個々に八重の隔離をもつ空間とは，ほかでもない第2章で述べたヨーロッパ都市の「旧市街区」，そしてそれを一般化して第4章で述べた「都市葉（urban lobe）」なのです。

「都市葉」とは，内部の生活に関係のない通過自動車交通を有効に迂回させるよう閉じた幹線的自動車道路に囲まれた数10〜数100ヘクタールの広さの有限なる都市域でした。

都市葉の内部の道路では，有限な地域に生活する有限な人々の自治のもとに，様々な方法で様々な段階の自動車交通規制を敷くことが可能になります。場所によっては，徒歩交通が主体となるよう強い規制も行えます。これは言葉を換えれば，専ら通過のみを目的とする定常的自動車交通の都市葉の内部への進入は拒絶し，内部の住民や訪問者や物資の出入りは許容すると言うことであり，都市葉が広域自動車交通網からの「開放区」となるべく生理的隔離機構を獲得することになるのです。

現代の大都市において，通過自動車交通の進入を拒絶する都市葉の生理的隔離が有効に行われれば，その内部の人々の多様な利用に応えられるような地域内道路を生みだすことができます。この状態

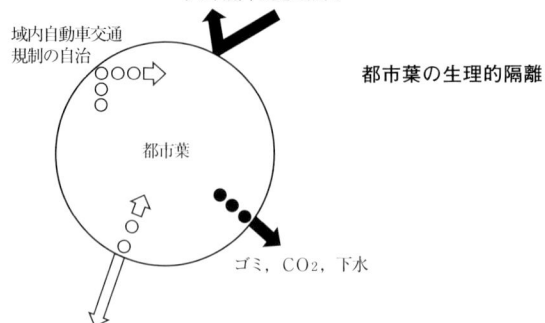

```
               もっぱら通過のみを目的と
               する自動車交通の拒絶
    域内自動車交通
    規制の自治
                                都市葉の生理的隔離

           都市葉

                          ゴミ，CO₂，下水

         住人，訪問者，物資，都市葉内の
         生活に関係をもつ自動車交通等の
         出入りの許容
```

の域内道路と建築群との関係は市壁をもっていた時代の有限な都市内部のそれと同じで，経済活動，子供の遊び，散策，世代間交流，祭り，市等の生活を通じて，それに面する建築群を結びつけ，防火，防犯，災害時の互助，情報交換そして業務上の連帯等，個々の建築の機能を越えた両側町（street centered community）の再生を可能にするのです。

　時の流れの中で，自立的により良く生きようとする都市住民は必ず現れます。そして都市においてよりよく生きることは，個々の建築の機能を越えた安全と交流が確保された豊かで美しい地域に住もうと願うことでありますから，新しい両側町づくりのきっかけは必ず生まれるのです。そしてそれが少しずつ成熟するというプロセスを経て，都市葉を維持する人間社会の居住がつづく限り，現代および未来の都市葉の内部に両側町は再生し維持されるのです。

　都市葉（urban lobe）は両側町の生理的隔離（七重）に自身の「専ら通過のみを目的とする自動車交通を拒絶する生理的隔離」が重合

して八重の生理的隔離を持つことになります。そして都市は，一つでも二つでも都市葉をもつことができれば，生理的隔離の重合度の判定（80頁）に従えば全体としても八重の隔離を持つことになるのです。最も理想的には沢山の都市葉の並列的集合体となることです。

そして近代工業化以前の市壁による有限性を持っていた都市は，ここで述べた都市葉が一つだけで成り立っていた都市と考えれば，都市を八重の隔離を持つ生物であると認識することは，古代，中世，近世，現代そして未来のすべての都市を普遍的に網羅することになります。

最も典型的な都市葉の実在のモデルは，ウィーン，ミュンヘン，フィレンツェ等の大都市の中心に存在する「旧市街区」です。これらは様々な手法を用いて周囲の閉じた自動車道路の内側に「専ら交通のみを目的とする自動車交通流」が入ってこないよう規制し，内部の道路や広場を中心に多数の美しく豊かな両側町を成立させています。

日本では東京の浅草寺境内を中心とする地域，大阪の「南」と称

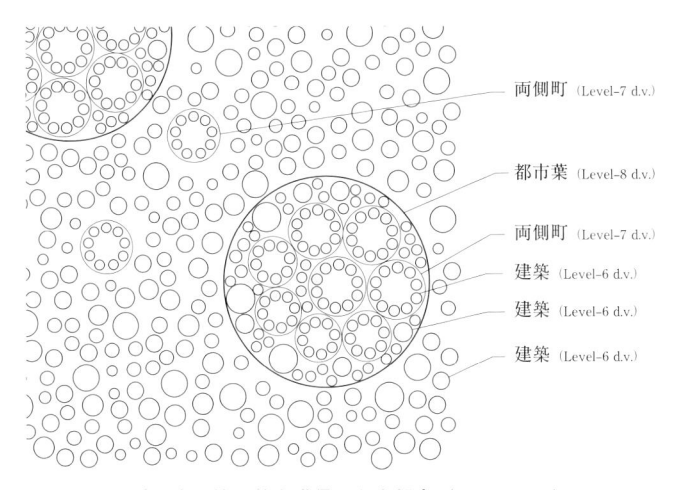

両側町 (Level-7 d.v.)
都市葉 (Level-8 d.v.)
両側町 (Level-7 d.v.)
建築 (Level-6 d.v.)
建築 (Level-6 d.v.)
建築 (Level-6 d.v.)

8重の生理的隔離を獲得した大都市（Level-8 d.v.)

第10章 現代都市の病理と快癒への道　113

8重の隔離を持つ大都市

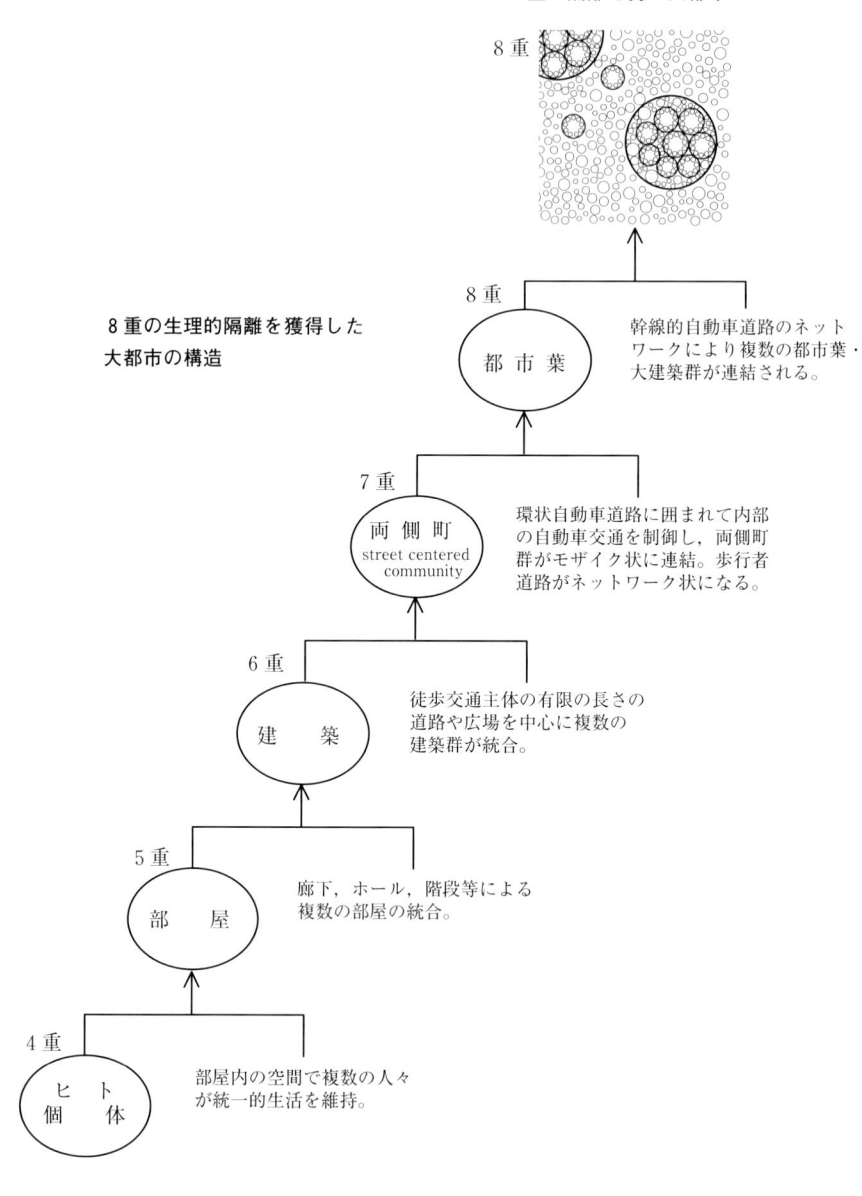

8重の生理的隔離を獲得した
大都市の構造

8重
都市葉 ← 幹線的自動車道路のネットワークにより複数の都市葉・大建築群が連結される。

7重
両側町
street centered community ← 環状自動車道路に囲まれて内部の自動車交通を制御し、両側町群がモザイク状に連結。歩行者道路がネットワーク状になる。

6重
建築 ← 徒歩交通主体の有限の長さの道路や広場を中心に複数の建築群が統合。

5重
部屋 ← 廊下、ホール、階段等による複数の部屋の統合。

4重
ヒト個体 ← 部屋内の空間で複数の人々が統一的生活を維持。

都市葉の実在モデル
ミュンヘンの旧市街区の自動車交通規制

ミュンヘンの幹線自動車道路網

約1,000 m

カールス広場
ノイハウザー通り　カウフィンガー通り
マリエン広場

都市の有限な切片の境界をなす道路

［出典：ゲルハルト・マイクフェルナー「中心市街地の再活性化方策」講演会，地域科学研究会，1991より作成］

せられる地域，奈良の今井町等があります。今井町では住宅の両側町が，「南」では心斎橋筋を始めとする商業と娯楽の両側町群が成立しています。

　しかし，都市葉という概念は，歴史的都市の旧市街区等の特別な地域に限らず，一般的に世界中の大都市のすべての地域で構築可能であることは，その設定の過程から推して容易に理解されましょう。

　個々の都市葉は個々の有限なる都市が有していたと同様の様々な異なった機能を複合して有しているものであってよい。しかし，「専ら通過のみを目的とする自動車交通流を排除する」という生理

第10章　現代都市の病理と快癒への道　115

実在の都市葉（ヨーロッパ）

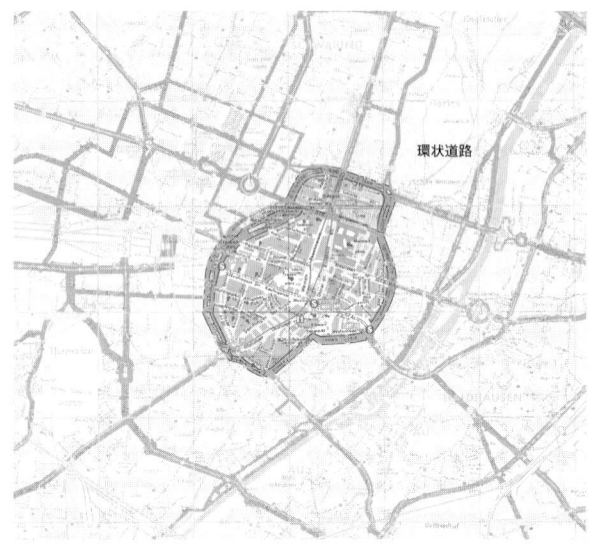

ミュンヘン
（133ha）

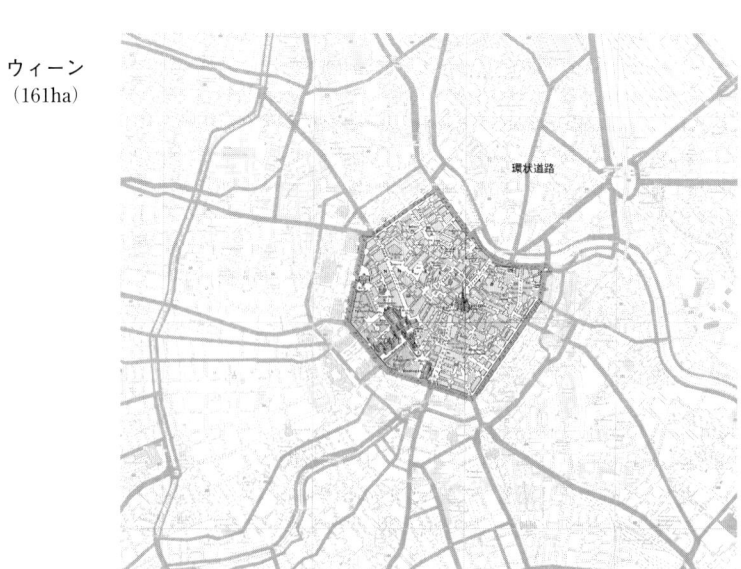

環状道路

ウィーン
（161ha）

環状道路

実在の都市葉（日本）

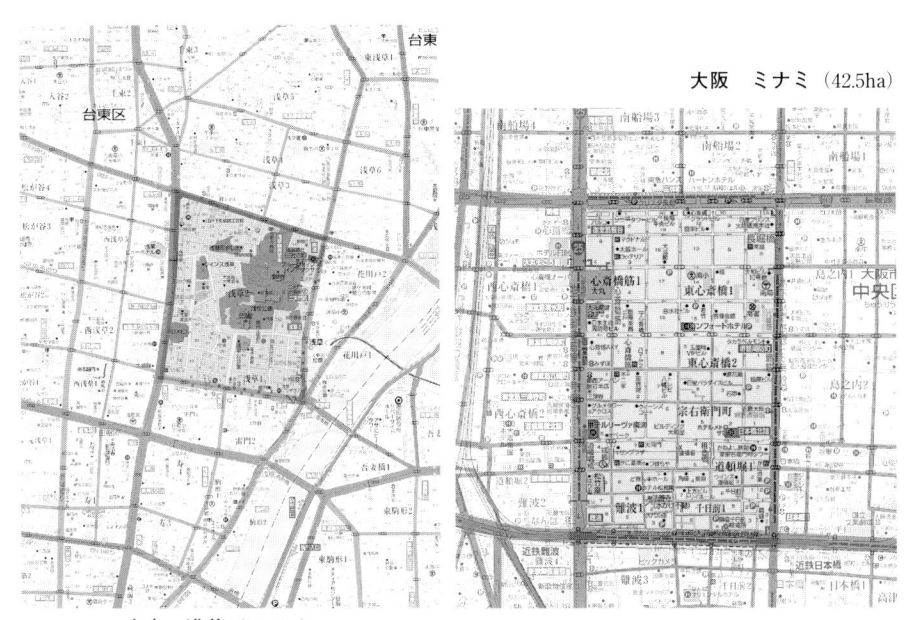

大阪　ミナミ（42.5ha）

東京　浅草（28.7ha）

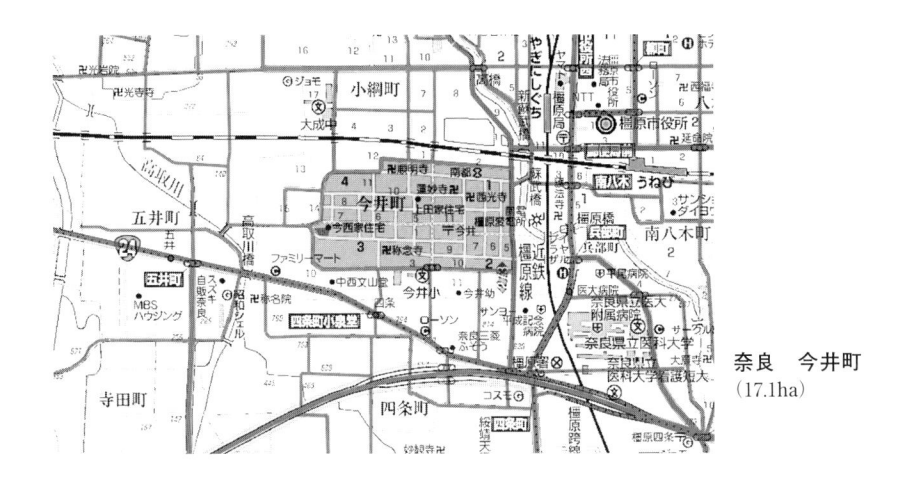

奈良　今井町（17.1ha）

第10章　現代都市の病理と快癒への道　117

的隔離機能は普遍的にもっていなければならない。都市葉の内部で時間の経過とともに成立する多数の両側町の機能のうちの卓越したものが，次第にそれぞれの都市葉の顔となりアイデンティティを確立していくことになるのです。

都市葉の大きさや設定する場所は，特に規定されるべきものではない。それぞれの都市の，それぞれの場所で大小様々なものが考えられてよい。ただ，最低条件としてその内部に複数の両側町を成立させ得るよう公共的な道路や，広場を相当量含んでいなければならないことは言うまでもありません。そのような前提に立てば，数10〜数100ヘクタール前後の大きさが想定されます。

都市は，個々の建築を単位として無機的に膨張するというのではなく，常に「都市葉」を予測しつつ，内部に両側町を育成できるような空間を単位として，成長していかねばならない。そこで初めてスプロールとは無縁の真の都市計画が可能になるのです。

都市は全体として都市の生理的隔離を失ったものの，その内部に八重の生理的隔離をもつ都市葉をもつ構造になり，全体として八重の生理的隔離をもつ生物として，再び自然界における生態系の一部として表2（120〜121頁）に整合することになります。

互いに独立した都市葉とその内部の都市コミュニティである両側町の存在は，各種災害への強い抵抗力と日常的都市問題を解決する糸口を与えてくれることになるのです。

以上を総括すれば，現代から未来にかけて，巨大都市の行政計画や，都市計画・道路計画は「都市葉」を基本として，早急に再検討されねばならない。そしてさらに個々の地域計画，再開発計画，建築計画は都市葉の隔離の中で人間中心の道路を地縁社会の手に取り戻し，「両側町」を再生，維持してゆくという明確なイメージのも

とに行われねばなりません。それには何よりもまず，都市に住まうすべての人々に都市が生態系の一員であり，両側町と都市葉という空間構造をもつべきことが認識されねばなりません。

　このような都市葉の集合として成り立つ都市こそが細胞から数えて八段階の入れ子細工の空間構造を恢復して，生きている人間社会の生活空間にふさわしい「歴史を伝える都市」になるのです。

表2　都市葉をもつ現代都市を

9重隔離					
8重隔離					
7重隔離					
6重隔離					
5重隔離					
4重隔離					カエル個体 (閉鎖血管体制)
3重隔離			ポリプ個体 (開放血管体制)	陸上植物(葉の集合)カシ・ケヤキ 陸上植物の葉	カエル個体内の諸器官（肝臓・脳等）
2重隔離		コンブ個体 (水中植物)	腔腸等諸器官	葉の内部の維官束の分岐毎の細胞のクラスター	毛細血管毎の細胞のクラスター (個体各部の組織)
1重隔離	ミドリムシ個体 (単細胞生物)	細胞	細胞	細胞	細胞
	1重の隔離の完結空間	2重の隔離の完結空間	3重の隔離の完結生物		4重の隔離の完結空間

← 要素となる機能的空間の隔離の重合度 ↑

外部環境に適応して継続的に生きてゆける完結した生物 ──→

含む自然生態系の空間構造

				国土・国家社会系	
			テリトリー・集落・農耕社会系	市壁をもつ有限なる都市	都市葉をもつ現代都市
		テリトリー・集落・狩猟採集社会系	進化した集落・農耕社会系	両側町	両側町
	テリトリー・巣穴・キツネ家族系	集落・狩猟採集社会系	複室住居・ヒト家族系	建築・ヒト部分社会系	建築・ヒト部分社会系
テリトリー・ライオン社会系	巣穴・キツネ家族系	単室住居・ヒト家族系	部屋・ヒト個体系	部屋・ヒト個体系	部屋・ヒト個体系
ライオン個体 (閉鎖血管体制)	キツネ個体 (閉鎖血管体制)	ヒト個体 (閉鎖血管体制)	ヒト個体 (閉鎖血管体制)	ヒト個体 (閉鎖血管体制)	ヒト個体 (閉鎖血管体制)
ライオン個体内の諸器官	キツネ個体内の諸器官	ヒト個体内の諸器官	ヒト個体内の諸器官	ヒト個体内の諸器官	ヒト個体内の諸器官
毛細血管毎の細胞のクラスター (個体各部の組織)	毛細血管による細胞のクラスー (個体各部の組織)	毛細血管による細胞のクラスー (個体各部の組織)	毛細血管による細胞のクラスー (個体各部の組織)	毛細血管による細胞のクラスー (個体各部の組織)	毛細血管による細胞のクラスー (個体各部の組織)
細胞	細胞	細胞	細胞	細胞	細胞
5重の隔離の完結空間	6重の隔離の完結空間	7重の隔離の完結空間	8重の隔離の完結空間	9重の隔離の完結空間	

第 11 章
都市に関する既往の考察

　都市の普遍的な空間構造を研究する間に，この都市のシステムは思惟，思索に基づく哲学，宗教，思想，心理といった人間の内面を探求した学問や精神文化に相通ずるものであることに確信を得ました。それは碩学の著作物に符合することから示唆されたものです。

　「都市」の在り様についての学問は，人文科学と自然科学の両者を通底するものであってはじめて構築することができます。「都市」はあらゆるものを包含するゆえに，どんな道筋を辿ろうとも帰結するところは一致するものであろうと思われます。

　人間がよりよく生きようとする生物であるゆえに，都市化は避けることのできない現実であり，その都市の構造を探求し，あるべき姿を見出すことは「知」の最前線に立つものであることも碩学の「都市」に対する関心の高さから窺われるものであります。

　本書の普遍的な都市の構造と生理的隔離機構に符合する古典や碩学の研究等の事例を挙げてみます。

(1) 『空間論』ゲオルク・ジンメル（哲学者・社会学者）
　『空間と社会の空間的諸秩序』のなかで「境界」の概念について述べています。それは本書の「生理的隔離の概念」を社会学的見地から説いたものにほかなりません。

　ジンメルは次のように空間論のなかで説いています。「一つの社

会は，その存在空間が鋭く意識された境界で囲まれていることによって，一つの，内面的にも団結しているものとして特徴づけられており，逆に，相互作用する統一，つまりおのおのの要素のあいだの機能的関係は取り囲む境界のなかで自己の表現を獲得する。」

そしてまた，「境界は社会学的諸作用をもつ一つの空間的事実ではなく，空間的に形成される一つの社会学的事実である，空間はわれわれの表象であるという観念論的原理，より正しくは，空間はそれによってわれわれが感覚素材を形成するわれわれの総合的活動を成就するという観念論的原理がここで専門化されるので，われわれが境界と名付ける空間形成は一つの社会学的機能である。」

(2) 『道徳経』老子（思想家）

老子の『道徳経』の「道」とは，人間の歩く道路の意味から転化したもので，理，通ずる，由る，言う，治める，術などの意味を含む。哲学的には，存在のしかた（理法・型）を意味します。これは様々な隔離のレベルの内部環境に通じるものです。

また，有と無の相即の一節の「埴を挺ねて以て器を為る。その無に当たって器の用あり。戸牖を鑿って以て室を為る。その無に当たって室の用あり。故に有のもって利を為すは，無の以て用を為せばなり。」（高橋進著『老子』によると，無は形而下の有を通すことによって，形而下の全体的表現をしているのである。それゆえにまた，形而上の無は，形而下の有を離れ，何らかの実体的な一者であることは許されないとする。）

これは，本書の生きているものの空間構造と通ずるものであり，また形而上の無とは道を指し，環境であり，形而下の有とは万物，個別存在を意味し，有限なるものと解釈されます。器や部屋がそれ

ぞれ人間と一体になって初めて機能的かつ空間的存在となることをイメージさせます。用とは機能であり生きることです。

(3) ユング（心理学者）のマンダラ

臨床心理学者で深層心理学者であるユングは，多くのマンダラを描いたことでも知られています。ユングの描いた最後のマンダラ『中心に黄金の城のあるマンダラ』について彼自身の述べるところによれば，「城壁と堀に囲まれた中世都市を描いたもので，街路網と教会が四本の放射状に配置されている。内部の町は，ちょうど北京の帝都のように，もう一度城壁と堀で囲まれている。建物はここではすべて中心に向かって開かれており，その中心は金の屋根をもった城である。この城もまた堀によって囲まれている。城の周りの地面には黒と白の敷石が敷き詰められている。それらは対立を表しているが，ここではその対立は結合されている。(略)」

マンダラは対立物の結合を含む全体性のシンボルであるといわれます。ユングのそれは，心の全体を表す「自己」のシンボルであり，対立を統一しているという特徴があるとされます。特に，彼のマンダラは周囲を強く防護されています。それは，自己の内容を外界の影響から守り，またそれが外に漏れないようにしようという強い意志を感じさせるものである，と林道義氏（『個性化とマンダラ』の訳者）は述べています。さらに，失われた心の平衡を補償する働きをしたり，また達成された調和的な秩序を表現したりするともいわれます。

ユングのマンダラは，本書の自然生態系の一部として「有限な都市」（八重隔離）の空間構造を強くイメージさせます。外界から守り，外に漏れないようにするということは隔離機構の概念に当たります。対立の統一は有限性をもつ生きた空間群が一段階上位の機能的空間

へ統合される様を思わせます。

(4) 金剛界曼荼羅

曼荼羅とは，古代インドのサンスクリット語の音訳で，円輪のようにすべてがそなわり，満ち足りているという意味です。

第9章の表1「生理的隔離の重合度から見た自然生態系の空間構造」を象徴しているものと解釈しました。

(5) 『埋れ木』吉田健一（文学者）

「言わばその丘から坂を降りて行った所，又そこの川の向こうは高速道路が出来て変わり方がひどかったが川に沿っての一帯は婆やが見馴れた景色であると同時に婆やが知っている人達が住む世界で婆やが親しみを覚えているのは自分の住居だけではなかった。

それは見渡す限りではなくても川の向こうの高速道路を境に丘の上の住宅地がその後方で電車通りで区切られて終わっている所までの一帯が婆やにとって精神的にも地続きになっていたことである。又それだからどこかに空き家が出来ればそれが目に付きもした。婆やが住み馴れたその高台の家から坂までの道は両側が青桐の並木になっていて青桐は品格がない木であっても毎日眺めていれば葉が落ちるのも芽を吹くのも季節の景物で更にその青桐が並んでいることが家の前の道というものだった。」

これは「都市葉」と「両側町」が形成されている街の様子をわれわれによくイメージさせます。

(6) 『パサージュ論』ヴァルター・ベンヤミン（哲学者・思想家）

『パサージュ論Ⅲ』の都市の遊歩者の一節。

金剛界曼荼羅

「街路は集団の住居である。集団は永遠に不安定で，永遠に揺れ動く存在であり，集団は家々の壁の間で，自宅の四方の壁に守られている個々人と同じほど多くのことを体験し，見聞し，認識し，考え出す。こうした集団にとっては，ぴかぴか輝く琺瑯引きの会社の看板が，ちょうどサロンでの市民にとっての油絵のように，いやそれ以上に壁飾りなのであり，「貼紙禁止」となっている壁が集団の書き物台であり，新聞スタンドが集団にとっての図書館であり，郵便ポストがその青桐の像であり，ベンチがその寝室の家具であり，カフェのテラスが家事を監督する出窓なのである。路上の労働者が

上着をかけている格子垣があると，そこは玄関の間であり，いくつも続く中庭から屋外への入口であり，市民たちにはびっくりするほど長い廊下も，労働者たちには町中の部屋への入口である。労働者たちから見れば，パサージュはサロンである。他のどんな場所にもまして，街路はパサージュにおいて，大衆にとって家具の整った住み馴れた室内であることが明らかになる。」

19世紀半ば以降，オースマンによるパリ改造によってブールヴァールが通され，アーケード街のパサージュは廃れた。変貌したパリに残る様々な過去の痕跡から，ベンヤミンは独自の思考の象徴をパサージュと捉えて書き綴ったものです。

パサージュは本著の空間構造における「両側町」の典型ですが，ベンヤミンは，特に地縁共同体の結合という社会的な意味を内包した理論を展開したものといえます。ベンヤミンの思想的理論が両側町「パサージュ」としてタイトルをつけたことに歴史的意義を感じるものです。

(7) 『空間・時間・建築』S. ギーディオン（1940年初版）

膨大な著書の最初の序章の出発時点に著書の目指すべき目標が語られている。その項目の「連続性に対する要求」として，建築，都市に対する普遍的見解の確立が必要であると述べています。

この本が書かれた20世紀という破壊的な混乱状態を眼前にしての願いであったと思われます。しかし，個々の建築や都市の歴史を透徹した見識で克明に著してはいるが，「普遍的な都市」についての見解を述べるには至らずに終わっています。ギーディオンは建築，都市計画，芸術について網羅し，それらの歴史的視点から都市の普遍性を求めようとしたが，普遍的見解の確立はできなかったと判断

されます。

(8) 『歴史の都市／明日の都市』ルイス・マンフォード（1961年）

　アメリカ民主主義を基準にしたヨーロッパ文明の総決算と言われるこの本では，紀元前の都市から現代に至るまでの都市の持つ機能と人間に与える物理的，精神的な文化について著した一大「都市」教養書です。都市は愛情の機関でなければならないし，都市の最良の営みは人間の愛護と育成である——という社会的見地の結論です。しかしこの本では，混乱した惨めな環境に住む20世紀の荒廃した都市の時代を救う，普遍性に基づく明日の都市への明確な展望を語ることができずに終わっています。

　またマンフォードは「有機的」という言葉は使っていますが，その成り立ちの意味については触れていない（確かに，サリバンもライトも有機的建築でなければならないと常に述べてはいた）。

　マンフォードは，都市に生物学的現象や生物学的関係を認めていた。それは，ヴィクター・ブランフォードやパトリック・ゲデスの影響があると言われています。彼は青年時代，ニューヨーク市大学でパトリック・ゲデスから都市についての目を開かされたとされます。

　しかし『歴史の都市／明日の都市』の訳者の生田勉氏があとがきに「中世の城壁のように自分だけよければよいというアウタルキーの都市計画は，いまや無意味である。この地上は"実際的にも多くの点で一つの都市であるような一つの世界になるだろう"。そうした人類の知恵以外に都市を救うすべはない。」と述べていますが，これは都市の全体像を欠いたままの主観的な表現です。中世近世の市壁をもっていた都市は，人間の生きるための必然的な行動様式か

ら構築されたものであり，城壁は八段階目の生理的隔離機構の表徴として普遍性をもっていたのです。

(9) 『都市開発』パトリック・ゲデス (1904年)

マンフォードの師であるパトリック・ゲデス (Patrick Geddes, 1854-1932) は，生物学，社会学的視野に立つ都市計画の調査と表現においての先達者です。

この生物学者から出発して都市計画学者になったゲデスは，都市の実態を様々な面から実証的に調査する方法を打ち立てた最初の人と言われます。

エディンバラ大学の社会学部長であり植物担当教授であったゲデスは，生物学の基礎のうえに社会学を展開し，その実績の場を都市計画に見出しました。彼は，1904年『都市開発』と題する最初の著書を発表，エディンバラで都市計画展を開催した。彼とその仲間は，都市計画とその実施に先立つものとして徹底的な都市の地域調査を行った最初の人であった。ゲデスは最も重要なこととして地理的環境，風土および気象学的事実，経済循環，歴史的遺産を取り上げ，仲間（ゲデス教授一派）とともに都市状態の秩序整然たる診断と処置の型を作り上げ，分析結果と提案を多くのパネル（図表的形式―図面・図式・表等）に表現しました。その都市計画展は初期の成果であった。ゲデスは，第一次大戦中はインドに赴いてカルカッタ，マドラスをはじめ各都市において彼の理論を現地の実態に合わせ適用する努力を行いました。

密集荒廃市街地に，クリアランスによる再開発ではなく，詳細な地区調査に基づき井戸や寺の周りのオープンスペースに着目した「控えめな手術」すなわち修復を提案した例は，彼の面目を示すも

のであるという評価を得ています。

ゲデスは"都市運動の父"といわれ，コナーベーション（都市連続体）という言葉の創始者としても知られています。

歴史家であり，社会学者であり，生物学者であったゲデスは，「シヴィク・サーヴェイ」の根本的概念を植物研究に比較して調査しています。それは植物の分布状態，植物の群落の分布等の研究から「環境，機能，生存」を生活の三重調和と呼び，生物と人間生活との関連性から方法を生み出し都市改良運動を促進したと言われます。しかしそれは生物と都市との類似におけるアナロジーの域を越えるものではありませんでした。

⑽ 『都市の自動車交通』ブキャナン・レポート（1963年）

自動車交通の急速な増加によってもたらされる交通問題に対処すべく，1963年に発表されたイギリスのブキャナン・レポート（Buchanan Report）「Traffic in Town」は現状の都市分析による報告書です。

街路網と市街地の空間構成との関連を重視した計画の考え方は，興味ある提案を行っています。

まず「道路は基本的には二種類しか存在しない。走行のために設計された『分散道路』と建物に通ずる『地先道路』とである」としています。

この基本的な考え方に基づき，街路網を，第一段階――幹線分散路，第二段階――地区分散路，第三段階――局地分散路，第四段階――地先道路とし，これらに対応させて市街地の中に居住環境地域（Enviromental Area）を設定しています。

この居住環境地域の概念は，市街地の中に自動車の通過交通から

守られるべき「都市の部屋」を形成せしめ，この中では，自動車交通は住民の生活環境を侵さない範囲で許容され，区域内では歩行者交通がより重視されることになります。

居住環境地域の規模はどのような指標で決定するのかについては，その地域の居住環境を害する程度の街路が通過しないことを条件としています。例えば，自動車交通密度の高い地域では居住環境の規模は小さく，逆に密度の低い地域では小学校区またはそれ以上に拡大することもあり得るとしています。

しかし，その概念には，「社会学的な内容は全く含んでおらず，自動車交通に対して，建物を配置する一つの方法にほかならない。」という断り書きがあるように，都市のあるべき姿を確立した上での議論ではない。本論で述べた生態系も含めた有機的な都市構造の一環として捉えられていないため自動車交通優先の都市づくりになっています。特に両側町という道路と建築群を一体としてみる歴史的な地縁共同社会の概念には全く触れていません。

⑪　『現代建築の哲学(Architecture in Transition)』ドクシアディス(1963年)

都市計画の中にスケールの概念を導入したものです。それは人間——部屋からエクメノポリス（巨大都市）までを15の空間単位に設定したものです。エキスティクス（人間生活環境全体）を，「住」を基本的な空間単位としたスケールに分節化した概念です。

ドクシアディスは"建築家とは人間の生活環境を建設するものである"と定義し，建築家は人間の生活環境の理念形成に貢献すること，また，ある一定の大きさに至るまでの生活空間について責任を取ることである，としています。

建築家は，人間生活環境の総合科学であるエキスティクスに含ま

れた関連分野と共同して、生活環境の問題に対して物理的な面を担当するものです。建築家は人間住区（human community）までの範囲で最終的な物理的解決の設計をします。

建築はエキスティクスの一部と見なされるべきもので、もはや都市計画とその枠内での建築の設計という分け方ではなく、人間生活環境全体（エキスティクス）の計画を担当する仕事と、その最小単位（建築）に表現を与える仕事との相違として考えられるべきであるとします。

エキスティクスの一連の単位のヒエラルキー全15領域の設定は、「人間——部屋——住居——住居群——小近隣住区——近隣住区——小都市——中都市——大都市——メトロポリス——コナーベーション——メガポリス——都市化されたリージョン——都市化された大陸——エクメノポリス」としています。

スプロールする都市に対し、人間生活の住を基本としたスケールで認識したうえで分節化し、建築設計をすべきとする考え方です。これは本論の機能的空間の統合度存在と一部共通しているものの、自然生態系としての認識はない。それゆえこれが普遍的でかつ有機的な空間単位であるという論証はされていない。

⑿ 『都市のイメージ』ケビン・リンチ（1960年）

アメリカの三都市の比較調査により、都市のイメージの性格と構造を研究した著書。

都市の外観、外観の持つ意味、それを変化させる可能性について論述しています。

都市的なスケールを持つ視覚的形態、すなわち物理的形態からの都市のデザインについての原則が抽出されています。そのデザイン

イメージの内容は，1．パス（道路），2．エッジ（縁・境界），3．ディストリクト（地域），4．ノード（接合点・集中点），5．ランドマーク（目印）の五つのエレメントに分類され，それが都市のイメージを形成すると論じています。

都市のアイデンティティが失われ変貌し続ける20世紀の諸都市を目の当たりにし，この五つのエレメントによって，イメージアブルな都市を再生するためのデザイン手法として1960年当時は，都市の計画や研究に携わる人々の間に景観的アプローチを生み出した。

この精緻な研究の功績は，本論の「都市葉」と「両側町」の視覚的イメージを高めるのに効果的である。特に五つのエレメントの中の「エッジ」は都市葉（あるいは有限なる都市）の境界を意味するものです。

しかし，アメニティ豊かな都市形成には，普遍的な都市の空間構造の論理をもとに各自のデザイン論を展開すべきであります。著書の都市像が明示されていないため，全体的な都市論に至っていない。

⒀ 『アメリカ大都市の死と生』ジェーン・ジェコブス（1961年）

20世紀の初頭，アメリカには魅力的な大都市があったが，1950年代の終わり頃には，これらの大部分は死んでしまった。

著者ジェーン・ジェコブスは都市が人間的な魅力を持ち，自立的な発展をして生き続けるためには「多様性」が必要であるとしています。

その多様性を生み出すための四つの必須条件とは，
1. 都市の各地区は二つ以上の機能を果たす混用地域でなければならない。形式的なゾーニングの都市計画であってはならない。

2. 都市の各ブロックは小規模で短く，街路は何本もあって街角を曲がる機会が頻繁でなければならない。
3. 都市の各地区には古い建物ができるだけ多く残っていて，そのつくり方も様々な種類のものがたくさん混じり合っていなければならない。
4. 都市の各地区の人口密度が高くなければならない。都市生活の発展に機会を提供するに十分に密で，多様な集中状態が魅力的な町となる。

であり，この四条件がすべて強調し合って，都市の多様性を生み出すことが重要である，としています。

　官僚的，技術論的な都市のあり方への批判として公刊されました。

参 考 文 献

1章・2章・3章

『都市論（建築学大系二巻）』吉坂隆正，彰国社。
『生態的都市』上田篤，建築雑誌1986年6月号，日本建築会。
『中世都市』アンリ・ピレンヌ，創文社。
『都市発達史研究』今井登志喜，東京大学出版会。
『都市図の歴史　世界編』矢守一彦，講談社。
『都市図の歴史　日本編』矢守一彦，講談社。
『都市の語る世界の歴史』井上泰男，そしえて。
『京の町屋』島村昇他，鹿島出版会。
『都市の自由空間』鳴海邦碩，中央公論社。
『古代オリエント都市』都市と計画の原型，ポール・ランプル，井上書院。
『中世都市』ハワード・サールマン，井上書院。
『都市史（建築学大系二）』伊藤鄭爾，彰国社。
『都市住宅七二一〇　義理の共同体』上田篤，鹿島出版会。
『都市の文化』樺山紘一他，有斐閣。
『祭の文化』松平誠，有斐閣。
『日本のコミュニティー』明治大学工学部建築学科 神代研究室編，鹿島出版会。
『人間のための街路』B.ルドフスキー，鹿島出版会。
『失われた動力文化』平田寛，岩波書店。
『Palermo』Salvo Di Mattio.

4章・5章

『都市の解剖学』清水徹他，ポーラ文化研究所。
『ショッピングモール計画』池沢寛，商店建築社。
『ショッピングモール第一部』岡並木，地域科学研究所。

『都市交通』谷藤正三,技報堂出版。

『ランドスケープアーキテクチュア』ジョン・オームスビー・サイモンズ,鹿島出会。

『Prosess, No. 4』ハルプリン,K.K.プロセスアーキテクチュア。

『東京の風景』川添登,NHKブックス。

『東京の盛り場』服部銈二郎,同友館。

『都市の自然史』品川穰,中央公論社。

『都市環境の蘇生』末石富太郎,中央公論社。

『建築設計資料集成』日本建築学会論編,丸善。

『都市の自動車交通』コーリン・ブキャナン,鹿島出版会。

『ヨーロッパのアメニティ都市・両側町と都市葉』岡秀隆・藤井純子,新建築社。

6章・7章・8章

『都市形成の歴史』鹿島出版会。

『人間と生活』二一世紀の設計一,西山卯三他,勁草書房。

『人間と環境』東京大学公開講座一四,東京大学出版会。

『人類と機械の歴史』S.リリー,岩波書店。

『人間—過去・現在・未来』L.マンフォード,岩波書店。

『地球人の環境』湊秀雄他,東京大学出版会。

『人間・自然・エネルギー』H.オダム／E.オダム,共立出版。

『生物の世界』今西錦司,講談社。

『生命を探る』江上不二夫,岩波書店。

『生物から見た世界』ユクスキュル,思索社。

『生命を考える』近藤宗平,岩波書店。

『有限の生態学』栗原康,岩波書店。

『生物 生命の理解』芦田謙治,開隆堂。

『地球生物学入門』生命の歴史,A.L.マックアレスター,共立出版。

『生物学の歴史』テイラー,みすず書房。

『四訂 生物図説』秀文堂編集部編,秀文堂。

『建築デザインの論理』岡秀隆，相模書房。
『都市の全体像―隔離論的考察』岡秀隆，鹿島出版会。

9章

『生物学資料集』生物学資料編集委員会編，東京大学出版会。
『バイオコア』P. C. Hanawalt 他，化学同人。
Animals without Backbones, R. Bucksbaum, a Pelican Book.
『一般生物学』福井玉夫，培風館。
『ゴリラとピグミーの森』伊谷純一郎，岩波書店。
『アユの話』宮地伝三郎，岩波書店。
『新版　ピグミーチンパンジー』黒田末寿，以文社。
『生物社会の論理』今西錦司，講談社。
『人間以前の社会』今西錦司，講談社。
『動物の社会行動』伊藤嘉昭，東海大学出版会。
『陸上植物の起源と進化』西田誠，岩波書店。
『行動学の可能性』M. W. フォックス，思索社。
『生物社会と人間社会』今西錦司，講談社。
『人間社会の形成』今西錦司，講談社。
『人類学』石田英一郎他，東京大学出版会。
『文明の起源』G. チャイルド，岩波書店。
『共同体の基礎理論』大塚久雄，岩波書店。
『古代社会』モルガン，岩波書店。
『家族・私有財産・国家の起源』エンゲルス，岩波書店。
『アフリカ人間誌』コリン・M. ターンブル，草思社。
『ボツソウ村の人とチンパンジー』杉山幸丸，紀伊国屋書店。
『栽培植物の世界』中尾佐助，中央公論社。
『一一の集落・外空間の構造』森俊偉，鹿島出版会。
『SD 別冊住居集合論一～五』東京大学生産技術研究所・原研究室，鹿島出版会。
『建築の誕生』小林文次，相模書房。

『建築の絵本　日本人のすまい　住居と生活の歴史』稲葉和也他，彰国社。
『古代の集落』石井則孝，教育社。
『日本建築史（建築学大系四）』太田博太郎他，彰国社。
『西洋建築史（建築学大系五）』小林文次他，彰国社。
『西洋建築史図集』日本建築学会編，彰国社。
『現代のエスプリ五五　人類の起源』編集 寺田和夫，至文堂。
『歴史の都市／明日の都市』L．マンフォード，新潮社。

10章・11章

『アメニティ都市』岡秀隆・藤井純子，丸善。
『都市形成の歴史』アーサー・ゴーン（星野芳次訳），鹿島出版会。
『ジンメルの世界』阿閉吉男，文化書房博文社。
『老子』高橋進，清水書院。
『アズ二七号　ユングの現代の神話』新人物往来社。
『金剛曼荼羅』東寺所蔵。
『埋れ木』吉田健一，集英社。
『パサージュ論」』ヴァンター・ベンヤミン，岩波書店。
『空間・時間・建築』S．ギーディオン（太田實訳），丸善。
『ゲッデス教授一派の都市社会の基本調査に就て』星野辰雄。
『現代建築の哲学』ドクシアディス（長島孝一訳），彰国社。
『都市のイメージ』ケビン・リンチ（丹下健三・富田玲子訳），岩波書店。
『アメリカ大都市の死と生』ジェーン・ジェイコブス（黒川紀章訳），鹿島出版会。

あ と が き

　戦後の高度経済成長は，日本の社会構造，都市構造を異常なまでのスピードで激変させた。その経済繁栄は代償として，培われてきた伝統や文化，日常の生活空間を否応無しに侵害し，脈絡のない個の建築が立ち並ぶ都市と化し，日々の暮らしの基礎となる地縁社会による「両側町（street centered community）」を解体した。生活の根幹となるstreetとcommunityに関わる問題は深刻化し，その澱みは堆積する一方で「両側町」を回復するための，客観的な方策は未だに講じられていません。筆者が論証した「自然生態系の空間構造」の細胞から七段階の統合による「両側町（りょうがわまち）」，八段階の統合による「都市葉（と　しょう）（urban lobe）」が欠落した現在の都市は，人間生活のサステナビリティを多岐に亘って混乱させているのです。

　人類は五百万年前に二本足で歩くことで大脳が発達し道具を発明した。歩くことが人間としてのはじまりであり基本的動作です。アリストテレスもソクラテスもゲーテも，そして芭蕉も西田幾多郎も，枚挙に暇がないほど多くの偉人が歩くことで創造活動を続けた。人が自由に歩き様々なものに出会い五感を触発する徒歩交通主体の通りや広場，路地，モール，パッサージュ，マルシェ等は人間にとって掛け替えのない価値をもつ空間なのです。都市生活の基盤である道路は，まず徒歩交通を主体に計画されなくてはなりません。

　日本の都市の形は平安時代の四行八門の制に始まり，四面町，四丁町（片側町）そして15世紀後半，長い年月の末に「両側町」に至

ったものです。洋の東西を問わず，中世，近世の都市には統治目的もあったにせよ，結束意識に基づく生活上の相互扶助単位の地縁社会の「両側町」がありました。

「両側町」は，「徒歩交通を主とする通りや広場などの公共空間」を共有する建築群が一体となった地縁共同社会・「都市コミュニティ」の単位です。地域特有の歴史を継承するのは，この日常的な生活空間の「両側町」なのです。

日本の都市地図は欧米の諸都市の地図とは異なり，ほとんどの道路には名前が付いていない。それは1962年に施行された住居表示制度の法律によって道路方式からブロック単位の街区方式に変わり，道を挟んで両側の家と家を結んでいたその道路は，町を分断する境界の単なる線となった。培われた向こう三軒両隣の付き合いは薄れ，それに加えてモータリゼーションの攻勢により，地縁の絆の道は車に占有され「両側町」は消滅したのです。

これからの都市再開発は，この欠落した「両側町」を再生することでなければなりません。しかし，現在の東京や大坂は都市再生という曖昧なスローガンのもとに超高層のビルやマンション建設を加速し今後更に，東京だけでも二百棟以上が建設されると言われ，徒歩交通主体の道路や公園などの生活基盤が更に不足するのは必至となります。堅固なコミュニティは一朝一夕には築けず，温もりのある「両側町」の再生は望むべくもありません。

観光白書によると日本から海外へ出掛ける人（昨年・約1,780万人）と訪日する人（約500万人）とによる観光収入の赤字は約三兆円。それは，現在を象徴するこの都市の時代に，日本の観光の中心となるべき旧市街は，その地域特有の伝統や文化を失って，魅力に欠けた町になってしまったことを示唆しています。殷賑を極める欧州各地

の旧市街に共通していることは，コミュニティの結束によって車社会に対応し古い両側町を存続し，潜在的資質の歴史・文化を守り，その結果，観光都市になっている。訪れる私たちに至福のひと時を与えるのは，その伝統を継承している都市市民の意識，民度なのです。観光の語源・観国之光（国の光を観る）の光とは，人と風土が織りなす自治的なコミュニティである「両側町（street contered community）」を指し示しているのです。

　建築を社会に現出することは膨大な経済的社会投資であり，環境変化を伴うことになります。その建築設計を生業とする筆者らは，現実と適当に折り合いを付けて生きるということではなく，この社会的責任を負う建築家の職能を果たすべき道を三十数年に亘って探究してきました。フィールドワークを基本とし先学の様々な知識や理論をもとに，人間の生活空間は細胞から都市まで「自然生態系の空間構造」の系列にある，という論証に至ったものです。客観的な生理的隔離（discrete viability）というパラダイムのもとで，現代の都市構造の病理を明らかにし，健康で長期的な社会の財産となる都市空間の創造を使命に，茲に上梓するものです。

　本書が出版するまでに至ったのは，筆者らの設計事務所所員の協力と支援があったからであり，所員各位にお礼を申し上げます。特に谷川奈緒子，小川圭太郎両君には直接原稿・図版の整理を手伝っていただいた。また，中央大学出版部の平山勝基氏と比留間善昭氏が本書の論旨に賛同し，出版の運びにご協力いただけましたことに合わせて心からの謝意を表すものです。

2006年1月

著　者

岡　　秀　隆（おか・ひでたか）

　　1961年　東京大学工学部建築学科卒業。
　　1968年　東京大学数物系大学院博士課程修了，工学博士。
現　　在
　　㈱岡設計代表。
著　　書
　　『都市の全体像・隔離論的考察』（鹿島出版会）。
　　『建築デザインの論理』（相模書房）。
　　『ヨーロッパのアメニティ都市・両側町と都市葉』（新建築社）〔共著〕。
　　『アメニティ都市』（丸善）〔共著〕。

藤　井　純　子（ふじい・じゅんこ）

　　1966年　日本大学理工学部建築学科卒業。
　　　同年　㈱岡設計入社。
現　　在
　　㈱岡設計代表取締役設計監理本部長。
著　　書
　　『ヨーロッパのアメニティ都市・両側町と都市葉』（新建築社）〔共著〕。
　　『アメニティ都市』（丸善）〔共著〕。

岡設計の主な作品に，長野県営住宅柳町団地，千葉工業大学芝園キャンパス，郡山ザベリオ学園，西武文理中・高・大学，会津大学，明治大学セミナーハウス，都営住宅栗原一丁目団地，横須賀市はまゆう山荘，千葉県さわやか県民プラザ，つくばメモリアルホール，茅ケ崎市立病院，下妻市図書館，仙台中央卸売市場他。
東京建築賞，中部建築賞，公共建築賞，建築業協会賞他を受賞。

都市コミュニティの再生　　両側町と都市葉

2006年3月10日　初版第1刷発行

著　者　　岡　　　秀　　隆
　　　　　藤　井　純　子

発行者　　中　津　靖　夫

郵便番号 192-0393
東京都八王子市東中野742-1

発行所　中央大学出版部

電話 042(674)2351　FAX 042(674)2354
http://www2.chuo-u.ac.jp/up/

© 2006 Hidetaka OKA, Junko FUJII　　印刷・ニシキ印刷／製本・三栄社製本

ISBN4-8057-6155-5